FEIXUE WUSHUANG

飞雪无霜

手工饼干

72变

SHOUGONG
BINGGAN
72 BIAN

飞雪无霜　著

U0333395

 浙江出版联合集团

 浙江科学技术出版社

『飞雪无霜』的饼干世界

　　爱上烘焙是很多年前的事了。

　　一台烤箱，一个烤盘，烘焙出一份满满的心意。我很享受守在烤箱旁等待甜点慢慢出炉的时光。

　　其实内心里，仍然是喜欢纯手工饼干的。女儿小的时候，带她去超市，她的眼里都是超市里花花绿绿包装漂亮的饼干。于是从那时候开始，我就决心自己做饼干，不为别的，就为了让女儿能吃上更漂亮、更健康、更有妈妈的心意的饼干。

　　好在做饼干真的是非常简单。只要花点小心思，就可以做出不同的饼干来。女儿有时候会带小朋友来家里，这时候递上几块小饼干，小朋友会惊讶地问："这是你妈妈做的吗？我要有这样的妈妈就好啦！"此时，女儿会心花怒放！女儿高兴了，做妈的能不高兴吗？于是我做饼干的劲头就更足了！

　　超市里的饼干，有氢化油、反式脂肪酸、增甜物、防腐剂等等，自从学会了做饼干，我就和它们说再见了。做饼干的材料，也可以尽可能发挥想象变换，女儿喜欢的、不喜欢的都可以添加在饼干里，这样可以补充她欠缺的营养。而且自己做的饼干新鲜，可以随吃随做。如果不喜欢太甜，可以少放点糖，不喜欢太油，可以少放点油。更可以将饼干变成方形、圆形、小白兔、小猫咪等形状，来哄女儿开心。

　　生活是丰富多彩的。为家人做点心也是丰富多彩生活中的一抹颜色！相信有了这抹颜色，生活会更美，家庭会更幸福，请爱你身边的人，和我一起珍惜吧！

目录 content

Part 6 营养健康的坚果饼干

Part 7 嚼劲十足的脆性饼干

Part 8 满口留香的咸味饼干

 Part 1

走进饼干的世界

新手想要做饼干,总是有很多的困惑,比如需要什么材料,用什么工具,怎么装饰饼干才好看,制作饼干的过程中有哪些细节需要注意,不用担心,赶紧看看飞雪是如何为你解答的吧!

饼干制作的材料

主要材料

1. 黄油 英文名为 butter，为牛奶的产物，浅黄色，分有盐黄油和无盐黄油两种，本书仅指无盐黄油。黄油打发后会相当蓬松，是饼干香酥的关键。

2. 低筋面粉 低筋面粉为蛋白质含量 7%～9% 的面粉，因为筋度低，所以适合做酥松可口的饼干。如果家里没有低筋面粉，可以用普通面粉和玉米淀粉 4∶1 混合变成低筋面粉。低筋面粉主要用于蛋糕和饼干的制作。

3. 鸡蛋 鸡蛋可以让饼干酥松，也可以让饼干更有营养。鸡蛋一般分土鸡蛋和洋鸡蛋，营养价值差不多，本书不特别说明仅指洋鸡蛋，一个净重约 50 克。鸡蛋在烘焙中有多种使用方法，可以用全蛋液，即蛋白与蛋黄的混合物；也可以只用蛋白，来增加饼干的韧性，使之更脆；也可以只用蛋黄，可以增加

饼干的蛋香味，使之更酥松；有的饼干，如玛格丽特，会用到熟蛋黄，即从煮熟的鸡蛋中取出的蛋黄。

4. 糖粉 糖粉容易溶解，可以让黄油更容易打发，还可以增加饼干的甜度，是经常使用的食材之一。糖粉为白色粉末，分为含玉米淀粉的糖粉和不含玉米淀粉的糖粉两种。本书仅指含玉米淀粉的糖粉，淀粉含量约为 3%～10%。糖粉容易受潮结块，所以一定要密封保存。如果用细砂糖或粗砂糖代替糖粉，注意一定要打至糖充分溶解，才可以进行下一步。

5. 细砂糖 在没有糖粉的情况下，可以用细砂糖。细砂糖比较细腻，也很容易溶解，可以增加蛋糕的甜味和色泽。但要注意的是，因为糖粉里面含淀粉，所以如果用细砂糖替代的话，应酌情稍减糖量，避免过甜。本书多次用到细砂糖，如没有可用绵白糖代替。

其他材料

1. 高筋面粉 高筋面粉蛋白质含量在 11% 以上，筋度很强，一般用来做面包，也适合制作较有嚼劲的饼干。

2. 中筋面粉 中筋面粉蛋白质含量在 9%～11%，一般适合做馒头、包子等，也可用来制作一些中式点心比如桃酥，也可与玉米淀粉 4：1 配比成低筋面粉。

3. 猪油 猪油和黄油的效果一样，只是猪油是从猪板油提炼出来的，香味不同，营养也不一样。猪油一般情况下为白色的固体，遇热会融化成浅黄色液体，有植物油不可替代的香味。

4. 植物油 制作有些饼干时会用到植物油。植物油方便易得，一般有花生油、豆油、菜籽油、橄榄油、食用调和油等。制作饼干建议选择无色无味的油。

5. 泡打粉 泡打粉是一种膨大剂。英文名为baking powder，简称 B.P，给饼干带来酥松口感，常用于马芬蛋糕、重磅蛋糕的制作中。一般用无铝泡打粉更健康。泡打粉含有小苏打的成分，但两者不能互相替代。

飞雪有话说 **[区分高筋面粉和低筋面粉的方法]**

把面粉用手握成团，手张开后，如果面粉呈现结团状，且颜色发白，那就是低筋面粉；如果面粉呈松散状，且颜色发黑，那就是高筋面粉。

低筋面粉

高筋面粉

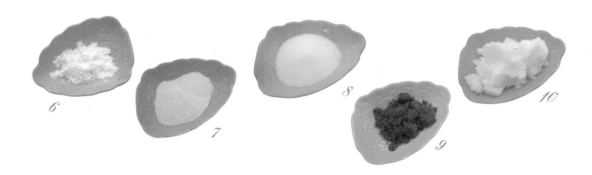

6. 小苏打 常用于制作饼干和部分蛋糕（特别是魔鬼蛋糕）。小苏打也会给饼干带来酥松的口感，但用量不宜多，一般控制在面粉量的1%以内。因为小苏打是添加剂，只能适量添加，多了会产生苦味，影响口感。

7. 酵母 酵母也能使面团膨胀，使用量为面粉量的1%～2%。酵母发酵温度一般控制在28～38℃，温度越高，酵母就越容易死亡。

8. 盐 少量的盐可以让饼干的滋味更不同，还可以激发饼干的甜味。本书中用的盐仅指食用盐，为白色细粒状粉末。

9. 红糖 红糖呈红色，是经过初加工的蔗糖，但营养成分更多，对人体有保健作用。

10. 绵白糖 糖类中除了细砂糖外，还有绵白糖。绵白糖颗粒更细，如果没有细砂糖，也可以用绵白糖代替。

11. 粗砂糖 粗砂糖是精炼过的蔗糖，吸水率比绵白糖低，含糖量高达99%以上，因为其颗粒较大，不容易溶解，所以主要用于装饰饼干表面，使烤好后的饼干有脆脆的口感。

12. 冰糖 冰糖为砂糖的结晶再制品，一般为白色或淡黄色。冰糖甜度不高，可以用来制作成糖粉。

13. 蜂蜜 有些情况下，蜂蜜可以代替部分白糖使

用，但质地较黏，温度较低时易结晶。

14. 白醋 白醋在制作糖霜时会用到。在制作戚风蛋糕时，如果觉得蛋有腥味，也可以滴几滴白醋。另外白醋也可以稳定蛋白。有时候制作果酱，如果家里没有柠檬了，可以用它来替代。

15. 奶粉 奶粉是牛奶去除水分后的粉末，可以增加饼干的奶香味，加在饼干中可以让饼干更有营养。一般使用无糖低脂奶粉。

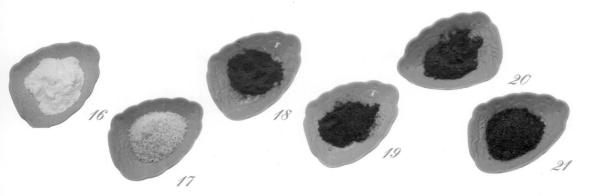

16. 玉米淀粉 玉米淀粉可以和中筋面粉配比制作低筋面粉。另外,将其加入低筋面粉中,制作出来的饼干会更酥。

17. 杏仁粉 杏仁粉是去皮杏仁磨成的粉,加入低筋面粉中可以使制作出来的饼干更香酥、更好吃。

18. 红曲粉 红曲粉是红曲米磨成的粉,颜色发红,味微酸,可以让饼干变成红色。

19. 可可粉 可可粉是用可可豆制成的产品,颜色为浅棕色,可以让饼干变成褐色且有可可的香味。

20. 抹茶粉 抹茶粉是由茶叶研磨而成,可以让饼干变成绿色并有抹茶的香味。

21. 辣椒粉 辣椒粉可以让饼干变成红色且有辣辣的味道。建议用韩国辣椒粉,不是很辣,而且味道不错。

22. 核桃粉 核桃粉油脂含量高,为纯核桃仁磨成的粉,不含白糖等其他添加物。

23. 花生粉 图上为去皮花生粉,口感更好。但不去皮花生粉营养更高。

24. 燕麦片 为即食燕麦片,加入牛奶即可食用。

25. 红茶 红茶可帮助消化,促进食欲。

26. 香葱 本书中的咸味葱香饼干用的就是这种小香葱。香味浓郁,颜色好看。

27. 焦糖酱 由淡奶油加糖制作而成,放冰箱冷藏后会稍呈凝固状,加热后呈液体状。可自制,市面上买的会稍稀一点。

28. 各种果干、坚果

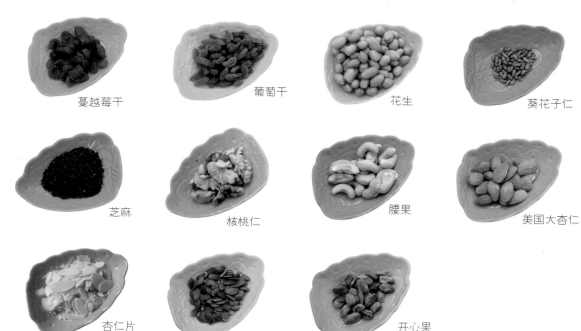

蔓越莓干　　葡萄干　　花生　　葵花子仁

芝麻　　核桃仁　　腰果　　美国大杏仁

杏仁片　　南瓜子仁　　开心果

蔓越莓干保留了蔓越莓90%的营养,口感好,适合做饼干。

葡萄干为葡萄晒干或阴干而成。非常甜,含水量为20%左右,保存时间长。

花生含油量达50%以上,又称长生果。

葵花子仁维生素E含量高,制作出来的饼干超香。

芝麻含油量达60%以上,对肾有好处。

核桃仁为世界四大坚果之一,具有补脑的作用,有人喜欢将表皮去掉,但建议不要去除,否则会流失很多营养成分。

腰果也是世界四大坚果之一,形状像肾,可直接吃,可做点心,可用来做菜。

美国大杏仁(现在多称为巴旦木)营养非常丰富,用于饼干中味道很好。

杏仁片为美国大杏仁去皮切片的产品。

南瓜子仁具有补肾的作用,颜色为绿色。

开心果含有维生素E等成分,能增强体质,抗衰老。

29. 白巧克力块 白巧克力呈白色,味道比黑巧克力稍甜。

30. 黑巧克力币 呈钱币状,可可含量较高,牛奶含量少,相对白巧克力不怎么甜,会有点苦味。

31. 黑巧克力块 和黑巧克力币作用差不多,形状不一样,呈块状。

32. 果酱 用于饼干装饰,可自制,也可从超市购买。

33. 红豆沙 红豆沙分为自制和市售两种,自制红豆沙可根据需要调整糖量和稀稠度。

34. 牛奶 有些饼干中添有牛奶成分,营养会更丰富。

35. 椰蓉 椰蓉为椰丝和椰粉的混合物,白色,有香味。

36. 装饰糖 用于装饰,味甜,形状有多种。

37   38   39   40   41

37. 姜黄粉　姜黄粉是一种天然的色素,有特别风
味。一般只需要一点点量,制作圣诞饼干时会用到。

38. 玉桂粉　粉末状,主要原料为肉桂,多用于制
作蛋糕、饼干、面包,有降糖、降血脂的作用。

39. 朗姆酒　一种以蔗糖为原料生产的酒,风味独

特。有些果干烤的时候容易干硬,可以提前泡一下朗
姆酒。

40. 香草精　香草精为从香草中提炼的食用香精,
可去腥,用于蛋糕、饼干。

41. 色香油　和食用色素作用差不多,但上色更
快、更好,适量添加对人体无害。

饼干制作的工具

基础工具

1. 烤箱 烤箱一般越大越好,但太大的烤箱家里会放不下。家用烤箱一般也就在 50 升左右,但对于新手来说 25 升左右的烤箱就可以了。太小的烤箱烤盘小,一次只能放几块饼干,用起来不方便。25 升属于中等烤箱,一次可以放 10~20 块饼干。最新款烤箱还有和面功能,如果条件允许也可以试试。

2. 电子秤 一般称量面粉或黄油不能只依靠目测,需要有个精确的秤。如果分量不对,做出来的饼干口感也不好。最好选择可以放在抽屉里的电子秤,便于存放。

3. 烤盘 可以在上面放饼干烘烤。大一点的烤盘可以放多一点的饼干。

4. 打蛋器 打蛋器分为两种,一种是手动打蛋器,一种是电动打蛋器。手动打蛋器适合打少量的黄油,混合基本的材料;电动打蛋器可以打发鸡蛋,也适合量多点的黄油,电动打蛋器打起来更为轻松。

5. 打蛋盆 适合量多或量少饼干的制作。一般新手需要一个 14 厘米的打蛋盆和一个 18 厘米的打蛋盆。建议用不锈钢的并且比较高一点的打蛋盆,最好高度在 10 厘米以上。

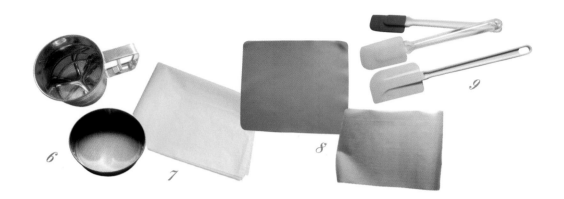

6. 面粉筛　用面粉筛过筛后的面粉会更细腻。根据材料来分有不锈钢面粉筛和塑料面粉筛两种。根据外形来分有手握式面粉筛和圆形面粉筛两种。手握式面粉筛用起来更方便。

7. 油纸　筛面粉的时候,可以在案板上放张油纸,这样不会撒得到处都是。同时它也是制作蛋糕卷的必备工具。

8. 硅胶垫或油布　一些特别易粘的饼干需要用到硅胶垫或油布防粘,所以这两款当中最起码要有一款。

9. 刮刀　刮刀分为大、中、小三个型号。刮刀的材质有硅胶和橡胶两种,可以根据自己情况选择一把适合的。一般一体式的刮刀更方便。

10. 普通饼干模　样式简单,使用也很方便,可以根据花形选择自己喜欢的。

11. 裱花嘴　有了裱花嘴可以制作很多不同款式的花样曲奇。

12. 花袋　一般花袋有塑料裱花袋和布裱花袋两种。建议选择不容易破的布裱花袋。

进阶工具

1. 特殊饼干模

❶ 立体饼干模　立体饼干模做出来的饼干更为生动可爱。

❷ 瓦片模　如果想特别一点的,可以试试这种瓦片模。瓦片模有多种形状可以选择,适合用来做薄脆形的饼干。

❸ 动物硅胶垫　主要用于制作马卡龙,也适合做一些稀面糊的饼干。上面有各种形状,饼干面糊就挤在这些形状上面。

2. 转换器　如果需要使用多个花嘴,可以同时配一个转换器。

3. 涂抹器　涂抹器样子比较特别,可以挤面糊,也可以奶油裱花,但是使用起来不如花袋简单方便,使用的时候面糊也需稍微稀一点,太稠则不容易挤出。

4. 刀和案板　没有饼干模具时可以先借助于家里的刀和案板,也能做出漂亮的饼干。

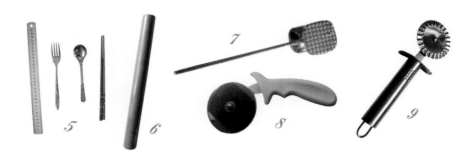

5. 勺、叉、筷子、尺子　可以用厨房的勺、叉、筷子来做造型,尺子可以用来量饼干大小。

6. 擀面棍　擀面棍可以擀饼干,用来调整饼干的厚度,使饼干变平整。

7. 肉锤　有些特别的饼干会用到肉锤。可以制造饼干纹路,具有表面装饰作用。

8. 比萨轮刀　轮刀可以像刀一样使用,但比刀更锋利。而且不容易粘面片,拉出来的饼干面片是直的。

9. 饼干花刀　饼干花刀和比萨轮刀的作用是一样,但拉出来的饼干面片是波浪形的。

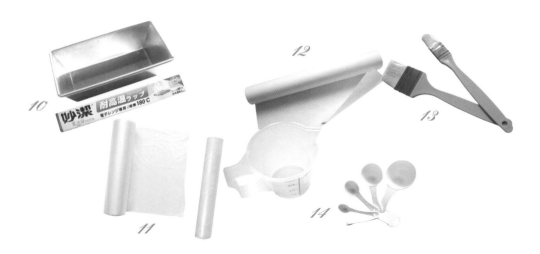

10. 一些盒子 小吐司盒和保鲜膜盒在制作饼干时,可以用来定型。

11. 保鲜袋、保鲜膜 在制作饼干时可以防粘,也可以防止面片风干。

12. 硅油纸 硅油纸的作用和油布、硅胶垫是一样的。但硅油纸不能重复使用,价格也比油布、硅胶垫便宜。

13. 刷子 有些饼干表面要装饰蛋液,就要用到刷子。一般羊毛刷子最好。

14. 量杯、量匙 如果家里没有秤,可以用量杯和量匙定量,但准确性要比秤差很多。量杯一般用来量取液体。量匙可以用来称取比较少量的粉类,比如酵母、泡打粉等。

15. 分蛋器 如果需要分离蛋白和蛋黄,可以用分蛋器。

16. 刮板 有两种刮板,一种是梯形刮板,可以用来切割面片;还有一种半圆刮板,可以用来刮面糊。

17. 手套 用于取出烤箱内的饼干,防止手烫伤。

18. 小刮刀 小刮刀用于给有些饼干填馅。

19. 温度计 圆的座式温度计是烤箱温度计,用来量烤箱的温度。长的笔式温度计是电子温度计,用来量液体的温度。

20. 柠檬刨 做柠檬饼干时,需要用柠檬刨刨柠檬皮屑。

21. 锡纸 锡纸可铺在烤盘上,一些饼干也可以放在上面进行烘烤。

22. 烤网 如果烤盘不是烤箱原配烤盘,就需要用到烤箱烤网,将烤盘放在烤网上面进行烘烤。

23. 带把筛子 一些特殊饼干,如玛格丽特需要过筛蛋黄,这时用到这种带把筛子比较方便。

24. 大眼筛子 如果是比较粗的蔬菜泥,比如土豆泥、红薯泥,筛眼太细不容易过筛,可以选择这种大眼的筛子。

25. 电吹风 冬天天气比较冷,可以用电吹风来软化黄油。

26. 手动料理机 在做司康或者是核桃雪球时,手动料理机可以将硬的黄油小块和面粉轻松混合。

制作饼干的准备工作

精确的称量

精确的称量是制作饼干的前提。只有准确称量各种材料,才不会导致面团过软或是过硬,才不会导致饼干制作失败。

黄油的提前软化

制作一些最基础的黄油饼干时,需要提前软化黄油。黄油一般放在冰箱冷冻室,需要时可提前一天放冰箱冷藏室,制作前半小时取出切块,在室温下软化(切成块会加速黄油的软化)。

1. 黄油的软化过程

先将黄油从冰箱取出切成小块(块越小,软化时间就越短)。放在室温(约 20℃)下,过会儿黄油表面会慢慢发软。待黄油能被轻松地压出小洞,且将手指提起时小洞不回缩即可轻松打发。如果手指按下去没有小洞或很费力,那说明黄油还达不到要求,还要继续软化。

▲ 软化完成的黄油上可轻松压出小洞

2. 不同室温下的黄油软化

黄油一定要在室温下软化。但由于室温会随着季节的变化而变化,所以不同室温情况下黄油的软化方法也会不同。

❶ 室温在 20℃左右时,黄油在室温下放半小时就会软化,可以轻松地完成打发。

❷ 室温超过 30℃时,黄油会变成软塌塌的,不易成形,打发后也会呈现稀糊状,无法出现羽毛状的效果。所以当黄油从冰箱取出后,要尽可能地快速操作,避免软化得太过厉害。

❸ 冬天软化黄油就困难了。北方的朋友家里有暖气,没有这样的困扰,南方

▲ 室温超过 30℃时的黄油状态

的朋友家里室温较低,这时候软化黄油就要借助其他方式。比如我们可以利用微波炉的解冻功能,把黄油放在微波炉里用解冻档热一下。时间不能过长,一般 10 秒钟即可检查一下,只要手指能按动即可。如果时间过长,导致黄油中的牛奶溢出,那么即使再放回冰箱冷冻,制作出来的饼干口感也会有差别。所以,软化的度一定要掌握好。

也可以用电吹风对着打蛋盆的边缘吹几下,让黄油尽快地软化。记得也要切成小块,大约吹至黄油表面摸上去软软的,容易捏动即可。用电吹风吹的时候,记得从侧面或者打蛋盆的底部吹,这样温度不至于过高。千万不能从打蛋盆上面往下吹,一来如果盆内有糖粉,容易将糖粉吹散;二来黄油也会因为太热变成液体。

另外,用电磁炉来软化黄油是不可取的。因为黄油一超过 40℃,就会快速融化。

▲ 用电吹风吹到这种程度即可　　▲ 记得从侧面或底部吹黄油

面粉的过筛

粉类容易结团,如果不过筛,制作出来的饼干口感会比较粗糙,而且可能会因为结团的颗粒没有打散,使饼干里夹有生面粉。所以面粉不过筛是绝对不行的。从下图我们可以看到过筛后的面粉会有小颗粒,可用手将小颗粒按压过筛,这样面粉才可以放心使用。

▲ 面粉过筛后更细腻

如果在配方中出现可可粉、抹茶粉、泡打粉或小苏打等,也要提前混合过筛。混合过筛可以让各种粉类混合均匀,使制作出来的饼干不会出现杂色(即一块黑一块白的情况),使泡打粉或小苏打的效力能充分发挥。

▲ 粉类提前混合过筛

材料的预处理

制作饼干时,有些时候需要预先处理一些材料,这样做出来的饼干口感才会得到提升。

1. 果仁预烤,让饼干更香 一些饼干在制作时会加入核桃或是其他果仁,直接用生的果仁吃起来口感会不太好,所以在制作前要预先烤一下,让制作出来的饼干更香。

2. 蛋液回复室温,防止油水分离 有的时候我们会在黄油中加入蛋液,如果直接用冰箱冷藏的鸡蛋,冷热温差太大,会引起黄油的油水分离,所以应在制作前将鸡蛋回温至20℃左右,更有利于饼干的制作。夏天从冰箱取出后在室温下放30分钟左右,蛋液会自然回复到室温;如果是冬天,天气比较冷,可以借助于外部的力量,比如隔水放入40℃左右的温水中,让蛋液尽快回复到20℃左右。

▲隔水放入温水中回复

另外,蛋液最好分几次加入,因为少量蛋液融入黄油时,不容易产生油水分离。

3. 巧克力预先融化,便于装饰 巧克力预先融化可以使整个操作更加简单方便,不会显得忙乱,可以更好地为饼干装饰打下基础。分量比较少的巧克力可以切成小碎块,放入裱花袋中,放温水中融化。但注意水温不要超过40℃。因为在40℃以上巧克力容易油水分离,结成颗粒状小块,不会融化成流动的液体。

▲少量巧克力的融化

融化的巧克力装入裱花袋装饰时,要注意保持巧克力的温度,如果巧克力凝固了,就需要重新回温一下再装饰。

其他饼干的准备工作

　　除了用黄油制作的饼干之外，本书还介绍了几款不同种类的饼干，下面介绍一下它们的准备工作。

1.　蛋白和糖混合均匀制作的饼干　制作前将鸡蛋从冰箱取出回温，分离出蛋黄和蛋白，将蛋白放入容器中，加入白糖搅拌均匀，至白糖溶解即可。

▲ 蛋白和糖混合均匀的状态

2.　蛋白打发蓬松制作的饼干　制作前将鸡蛋从冰箱取出，分离蛋黄和蛋白，将蛋白放在干净的容器中，用电动打蛋器将蛋白和糖打发至出现倒三角，呈打蛋盆倒扣蛋白不掉下来的状态（俗称"倒扣不倒"）。

▲ 蛋白打发的状态

3.　全蛋打发制作的饼干　制作前将鸡蛋从冰箱取出回温，将鸡蛋放入干净的容器中，加入白砂糖隔温水打发，直至蛋液浓稠增大几倍，用打蛋器在蛋液上写"8"字稍后才消失的状态。

▲ 全蛋打发的状态

4.　糖油直接混合做成的饼干　这样的饼干制作较为简单，将鸡蛋从冰箱取出回温，放入容器中加入白砂糖搅拌至白砂糖溶解即可。

▲ 糖油混合的状态

你不可不知的饼干制作细节

黄油的打发细节

黄油一定要在室温下软化至 20℃才可以打发。打发的过程可以打入很多空气,使打发好的黄油相当蓬松,这才是饼干香酥的关键。黄油打发好后,可根据配方加入蛋白、蛋黄、花生酱、牛奶或者植物油,这样制作出来的饼干,会呈现各种各样的效果,也正是家庭手工制作饼干的乐趣所在。

1. 黄油的打发效果　打发完全的黄油应该蓬松、细腻,要呈羽毛状,体积要膨大一倍。

 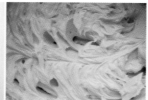

▲羽毛状的黄油打发状态　　▲黄油的体积要膨大一倍才行

2. 黄油和糖粉如何一起打发?　黄油常会和糖粉一起打发。糖粉极容易飞溅,所以在打发之前要先将糖粉倒入软化的黄油中,用不通电的电动打蛋器(或手动打蛋器)先轻轻拌和几下。这样糖粉和黄油就会融合在一起,再进行打发时糖粉就不会乱飞了。

 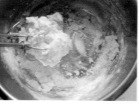

3. 冷藏性饼干的黄油面团如何避免粘手?　黄油打发后加入面粉,形成的面团的确有些粘手。可以将面团放冰箱冷藏 30 分钟,黄油遇冷凝固,会使面团变硬变光滑,更容易操作。取出来的面团,如果发现还是有些黏,可以在手上沾一些高筋面粉可防止粘手。面团放冰箱冷藏的时间不宜过长,冷藏时间过长,面团凝固,操作起来面片容易破裂。但时间也不宜过短,过短饼干面片在烘烤时容易收缩。

4. 怎样避免油水分离?　如果黄油打发失败,那会出现油水分离(所谓油水分离,就是黄油边上隐隐地会有水分溢出。怎么打也不会出现羽毛状态)。可以通过提高温度或加少许面粉来缓解,但是饼干的口感会受到影响。主要原因还是因为打发黄油时加入的液体温度过低导致。所以在实际操作中要尽量避免这种情况的发生。

如果加入蛋液后出现油水分离,可以让黄油和鸡蛋的温度达到 30℃,当它们的温度都升高时,油水分离的状态会有所改变,利于补救。另一种方法是加入一小勺面粉,让面粉吸收蛋液,也利于补救。尽管如此,我们还是希望不要出现油水分离的状态,一旦出现油水分离,即使补救,饼干的品质还是会受到影响。

▲黄油的油水分离状态

材料的拌和细节

1. 拌和材料加入时间有讲究 在制作饼干时,如果需要混入葱花或芝麻等其他材料,可以在面糊混合至七八成时再加入,再进行翻拌。

2. 有些饼干的材料需要手工拌和。这时要准备大一点的案板,而且在混合面粉前,材料要用手搅拌好。因为没用打蛋器,所以手的力度要大一点。

3. 拌和的方式跟饼干的香酥程度有关 想要饼干香酥,拌和就不能过度,应自下而上地翻拌,避免起筋。所谓起筋,就是面团肉眼看上去变得光滑,而且有筋力。起筋的饼干有嚼头,就不会有酥酥的感觉了。

饼干的成型细节

1. 巧用冰箱冷藏 冷藏可以使黄油凝固,使饼干变硬变光滑,更利于成型。也可以把饼干放入简易的模具中定型后再放冰箱冷藏或冷冻至硬后再切片。在用砂糖进行表面装饰时,用力要均匀,面团的大小要尽量保持一致。卷好后也要再冷藏或冷冻一会儿,才容易切片成型。

2. 让饼干更容易卷曲的秘密 做卷曲造型时,饼干极易松动,可以将两头按压在烤盘上,这样定型效果更好。

3. 多余面团别浪费 在做模压饼干时,会有部分饼干面团无法压完,可以把余料再堆积在一起进行压制,这样才不会浪费。

▲用保鲜膜盒定型后冷藏　　▲用砂糖表面装饰后冷藏

4. 防粘工作要做好 饼干在压模成型的时候,容易粘模具或案板,要记得撒一些面粉再操作,会更简单。

有些小球形状的饼干,如果本身面团较软,可以加少许椰蓉,既可以防粘又利于美观,做出来的饼干还非常香。

▲用面粉防粘　　　　　　▲用椰蓉防粘

饼干的装饰细节

1. 果仁要撒均匀　有些薄片饼干需要撒上果仁,记得要撒得均匀,不要一块量多一块量少,否则制作时会不容易全部烤熟。

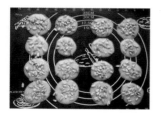

2. 糖粉要分两次撒　有些饼干在放入烤炉前要撒糖粉装饰,第一遍糖粉撒好后,面糊会很容易吸收糖粉,如果想要制作出表皮稍脆点的饼干,就要进行二次撒糖粉的工作。

3. 夹馅的注意点　有些饼干是中间夹馅的,那夹馅要在制作饼干前就完成并且放凉,等饼干面糊用花嘴挤好后,再放入夹馅。放夹馅的时候分量尽量要保持一致。

4. 果仁不易粘怎么办?　有些饼干需要粘上芝麻或其他果仁,如果不易粘可以提前刷水或刷蛋白。另外,要想芝麻牢牢地粘在饼干上,可以用擀面棍擀压,注意保持力度一致。芝麻撒均匀,按实了,芝麻粒才不容易掉。擀面棍可大可小,请尽量保持面片厚度一致。

　　在撒杏仁片装饰的时候,可以先刷一遍蛋液,再撒杏仁片,这样杏仁片才容易粘在饼干上。还可以刷上蛋白液,再放入杏仁片。两种处理方法的不同,烤出来的饼干颜色也会稍有差别。

▲用蛋液　　　　　　　▲用擀面杖按压

▲撒杏仁、刷蛋液的先后有讲究

5. 放凉后装饰　还有些饼干,出炉后要做装饰,记住一定要完全放凉后再装饰,否则饼干的热度会造成装饰材料的融化。在装饰的时候,饼干底部要垫上油纸,便于清理。

饼干的烘烤细节

❶ 在烘烤饼干的时候,一般火力选择175℃左右,时间也因为饼干的厚薄不同而不同。较薄的饼干时间短,较厚的饼干时间长。一般烘烤10～20分钟。

❷ 其实每台烤箱的温度是有差异的,同样的温度设定,有的实际温度会偏高,有的会偏低,所以本书提供的配方中的温度仅供参考,应根据实际情况调整,以能烤至饼干上色为准。

❸ 考虑到饼干在烘烤时的延展性,所以在两块饼干之间会留有空隙(1～2厘米),可以避免烘烤时饼干与饼干粘连。

❹ 烘烤全程最好不要走开,防止因为时间过长而烤糊饼干。

❺ 饼干大小应尽可能一致,这样烘烤出来的饼干才会漂亮。面片厚度要均匀,所以要用擀面棍。如果希望烤出来的饼干不会太软,应将饼干厚度擀至0.3厘米以下,太厚的饼干不容易烤透。

❻ 有的烤箱内外火力不一样,导致里面的饼干容易糊,可以在烘烤中途对调烤盘位置。

❼ 如果面团分量不多,而饼干形状较多,可以将大的饼干放在烤箱内侧,小的饼干放在烤箱外侧进行烘烤。

❽ 烤好的饼干一定要等待完全放凉后才会酥脆。如果发现烤出来的饼干表面边缘糊了,而内心却很软,可以考虑降低温度,延长烘烤时间。本文中烘烤饼干时都采用上下火进行烘烤。

❾ 制作好的饼干应当纹路清晰,在饼干的四周会有一圈金黄色。制作好的饼干底部,应该是均匀的金黄色。

▲制作好的饼干表面 　　▲制作好的饼干底部

饼干的整形方法

纯手工整形

手工整形饼干,就是当您身边没有其他工具的时候,只需要用手就能轻松做出的饼干。

1. 分小团 最简单的方法就是分成相同的不规则小团直接进烤箱烘烤。

2. 搓球形 再复杂一点就是将不规则小团全部搓成球形。

3. 压扁 可以将球形面团压扁成扁圆片,上面装饰或不装饰果仁。

4. 裹椰蓉 可以先整形成球形,再裹上椰蓉。最后排入烤盘。

5. 包馅 制作包馅饼干,将果干包好,再排入烤盘。

利用厨房工具整形

1. 用小勺　如果饼干面糊较软，可以用小勺整形成各种形状，然后排入烤盘进行烘烤。

▲ 用小勺整形成小团状

▲ 用小勺摊平成圆饼形

▲ 用小勺整形成小团状，用肉锤装饰

2. 用叉子　可以用小勺整形成小团，用叉子进行装饰；或者整形成球形，再用叉子装饰。

3. 用刀切　如果上面的厨房工具都没有，也可以用刀切。先整形成四方块，放饼箱冷藏，变硬。再切成相等大小的条形或者块状。全部切好后，排入烤盘烘烤。或者整形成圆柱体，切成薄片，再排入烤盘烘烤。

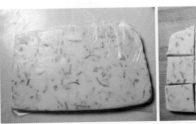

▲ 切成块状

▲ 切成圆形面片

利用饼干压模整形

下面是饼干压模制作的饼干。手头多一些饼干压模,饼干的形状也会丰富许多。

1. 圆形　面片擀薄,用饼干模压成圆片。

2. 菊花形　是先擀成薄片冷藏,压成菊花圆形,再用叉子造型,排入烤盘。

3. 长方形　先压薄面片,用长方形压模压出饼干面片,排入烤盘,因为模具中配有圆形小点装饰,所以出来的饼干上面自动带有装饰了。

4. 花形　压出花形,模具可以沾少许面粉防粘。排入烤盘,如果饼干大小不一,可以将大的面片放烤箱内侧,小的面片放烤箱外侧。

5. 卡通形状　饼干面片擀成约0.5厘米厚的薄片,再压出可爱卡通形状,上面装饰表情。

6. 夹馅饼干造型　压成大小两种花形,排入烤盘烘烤,放凉后夹馅。

7. 双色饼干　需要两种面皮,用两种饼干模压出形状,再进行组合。

8. 薄片饼干　要用到瓦片模来整形。

9. 立方形 包好馅后,利用饼干模具压成型。

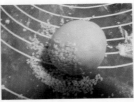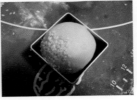

▲ 凤梨酥的制作,包好馅后,一边沾上芝麻,再利用饼干模具压成型

10. 其他 也可利用特别工具(如涂抹器),装入面糊,再挤出形状。

利用裱花嘴整形

一般的花形饼干,很让人喜爱。那怎么样操作才能挤出完美的花形呢?

1. 工具准备 首先要准备花嘴(花嘴一般选择中号或大号花嘴,因为只有花嘴够大,面糊才容易从花袋中挤出)和花袋(花袋有布花袋和塑料花袋之分,如果做曲奇饼干,建议用布花袋,容易操作,不容易挤破),附加的还有转换器。如果只用一个花嘴和一个花袋,就不需要用到转换器,如果用到的花嘴较多,那么就要用到转换器。

2. 花嘴的安装 首先准备一个花嘴、一个花袋(其实花袋大小和花嘴的关系不大,花袋大小决定装入面糊量的多少),将花嘴装入裱花袋中。花袋如果是新买的,花袋口会比较小,装入花嘴后一般都露不出来。在装入花嘴前,一定要先剪去花袋口前端一段,这样才能让花嘴的最前端露在花袋外面。千万不要剪得太多,以免花嘴装进去后又从花袋口的最前端掉下来。

3. 转换器的使用　如果是使用转换器,那同样也要将花袋的最前端剪掉一点,让转换器的前端能从花袋露出来。具体操作如下。

❶ 先准备花嘴、花袋和转换器。将花袋的最前端剪掉一些。

❷ 再将转换器的底部装入裱花袋中,使转换器从袋口露出来,但记得只能露出前端,不能掉出花袋。

❸ 再将花嘴放在转换器上面。

❹ 最后将转换器头部和底部旋转好,固定花嘴和花袋。这样我们就可以在花袋中装入面糊制作饼干了。

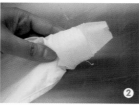

4. 装入面糊

❶ 先准备敞口的瓶子(玻璃或塑料的都可以)。

❷ 将花袋头部拧住,防止面糊直接漏出。也可以用夹子夹紧。

❸ 将花袋放入敞口容器中,并敞开花袋口。

❹ 将面糊倒入花袋中,大约装至2/3处。(图中演示的是派面团,非饼干面糊,饼干面糊会较稀)

❺ 然后将花袋从玻璃瓶子中取出,并整理好花袋形状,松开花嘴拧住的部分。

❻ 借助刮板力量,将面糊往前推动。

❼ 用食指绕住花袋收口处,将花袋收口绕过来,收紧,这样可以防止在挤花的时候面糊从尾部露出。

❽ 轻轻挤一下,面糊就会出现在花嘴口。

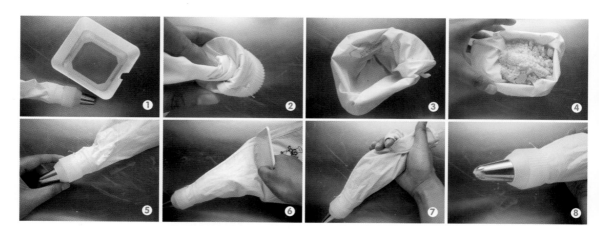

5. 挤花的方法 右手紧握花袋,左手支撑花袋底部,花袋上端朝身体方向略倾斜,然后挤出花形即可。

6. 各种花型挤法

　　最简单的挤法就是挤成竖形,一条一条的。还可以挤成数字形状。如果挤出的面糊量较多,那出来的饼干也较大。或者挤出来的面糊较少,挤细一点,出来的饼干又会有所不同。

▲挤竖条　　　　▲挤数字　　　　▲面糊量多　　　　▲面糊量少

　　很多朋友喜欢各种各样的花形饼干挤法。以下这些,就是将面糊装入花袋,然后直接挤出花形。花嘴齿的形状不一样,挤出的饼干也会不一样。

▲中号花嘴　　　　▲圆形花嘴　　　　▲20齿大号花嘴　　　　▲大型花嘴

　　如果想装饰一下饼干,使其不那么单调,可以这样操作:

▲用蔓越莓干装饰　　▲用果仁装饰　　▲用果酱装饰　　▲用不同颜色的面糊装饰　　▲用糖块装饰

也可以走"S"形或转圈挤出花形,再用果干或果酱装饰一下,那做出来的饼干效果也完全不同。

▲走"S"形挤花形   ▲转圈挤花形

飞雪有话说 [**饼干挤花的影响因素**]

1. 转圈的大和小,也会影响最后饼干出来的造型。

2. 不同的花嘴转圈挤做出来的饼干大小是不一样的。
左边是大号八齿花嘴转圈挤法,右边是中号八齿花嘴转圈挤法。

3. 同样的花嘴,不同的挤法出来的效果也很不一样。
左边是中号花嘴直接挤法,右边是中号花嘴转圈挤法。

　　这样可以有直观的认识,需要制作多大的饼干,就需要选择什么样的花嘴和什么样的挤法。饼干做得越大,所需要的烘焙时间也越长。

饼干的礼品包装

　　经过我们的制作,饼干终于出炉啦!如果只是家里吃吃的话,可以放凉后装入保鲜袋,然后密封保存,建议1周内吃完,这样才新鲜。1周做一次也很方便。如果要送人,还是要有点小包装,才会漂亮哦!

▶如果只是单独的饼干,我们可以装饰作画,让这个饼干更生动。

◀家里有些竹质的小篓子也可以利用,会给人一些质朴的感觉。不过应在这些小篓子的外面套上塑料袋防潮。

如果不想作画这么麻烦,家里又有小瓶子,可以装在小瓶子里。根据瓶子的形状不同,也会有不同的风格哦!这些小瓶子虽然看上去简单,但也透着手工饼干的精致,更能表达心意。

▶也可以利用家里的塑料盒,很方便哦。上班的时候带给同事们一起分享,很有面子哦。

◀如果花些心思,买些小包装袋,那就是另一番风味了。如果什么也没有,也可以用保鲜袋装,但缺少档次。

用纸盒包装也是一种很棒的方法,会让手工饼干看上去更精致。

▶ 不同的纸盒,会表达自己不同的心意。深色的长方盒适合送给老人。黄色的小盒子,生动、明亮,适合送给年轻人。另外,变换饼干的排列方式,会有不一样的味道哦!

▶ 右图方形的盒子比较素雅,可以考虑加上表面装饰。圆形的盒子比较小巧,适合装各种类型的饼干。如果觉得表面单调,可以贴上标签纸。

▶ 喝喜酒得来的喜糖盒也不要扔了,可以用来包装哦。右图的长方形盒子显得喜气,也可以在外面贴上标签,会很有爱。如果连喜糖盒子也没有,可以用这种小纸杯,也很可爱。

▶ 当然,要显档次还是应该用比较高档的盒子,比如一些铁质的喜糖盒、饼干盒、巧克力盒都可以用来包装,相当实用。现在一些网店也会卖包装盒,大家也可以试试。

飞雪有话说 【 **如何用包装袋包装饼干?** 】

1. 准备双面胶、包装袋。
2. 将饼干装入包装袋。
3. 在封口处粘上双面胶。
4. 撕掉双面胶上的白纸,粘好即可。也可以用这种方法包装月饼。

饼干常用馅料制作

去皮红豆沙

原料　赤豆 300 克,油 60 克,红糖 100 克

做法
1. 赤豆洗净,泡水 30 分钟至膨胀。
2. 放入高压锅中,加入适量的水。
3. 水开后,中火压 10 分钟。
4. 将煮好的赤豆加适量的水放入搅拌机中,搅拌成糊状。
5. 用筛子将糊状的豆沙泥过筛,去皮。
6. 放入炒锅中,加入适量的红糖和植物油炒至浓稠即可。

飞雪有话说

1. 这里红糖可以用白糖或者冰糖代替。
2. 在炒制的时候,一定要用小火不断地翻炒,小心煳锅,慢慢炒至浓稠即可。
3. 赤豆泡水时间越长,高压锅压制起来就越容易。

焦糖酱

原料　水 40 克,细砂糖 80 克,淡奶油 100 克

做法
1. 淡奶油倒入小锅中,用小火煮开,并保温。
2. 细砂糖和水倒入另一只小锅中,用小火煮开。
3. 将糖浆慢慢地煮至金黄色。
4. 倒入淡奶油并关火(淡奶油一定要是热的,才能制作成功)。
5. 冷却后即是焦糖酱。

红薯泥

原料　红薯 1 个

做法　1. 选择一个红薯,去皮后切成薄片。

2. 盖上盖,放入微波炉中加热,根据红薯块大小时间不等,可以在中途取出来看一下,能用筷子扎动即可。

3. 然后将红薯泥过筛。

4. 过筛后的红薯泥会更加的细腻。

咖啡奶油霜

原料　黄油 75 克,糖粉 30 克,浓咖啡 8 克

做法　1. 将室温下的黄油加入糖粉打发。

2. 再分次倒入咖啡液,搅拌均匀即可。

奶油卡士达酱

原料　蛋黄 2 个,香草糖 10 克(加入蛋黄中),香草糖 40 克(加入牛奶中),低筋面粉 15 克,牛奶 150 克,黄油 60 克

做法　1. 蛋黄 2 个,加入香草糖放入容器中。

2. 用打蛋器将蛋黄打发至白(注意观察蛋黄颜色的前后对比)。

3. 倒入过筛后的低筋面粉,搅拌均匀。

4. 另起一锅牛奶加入香草糖煮开。

5. 倒入面粉糊中,搅拌均匀。

6. 将液体过筛,过滤出杂质。

7. 再重新回到炉上,小火煮至润滑(注意面糊滴落的状态)。

8. 隔冰水放凉至 30℃(这个就是卡士达酱,放冰箱冷藏即可。不过因为我们要加入打发的黄油,所以冷却到 30℃就可以了)。

9. 黄油软化后打发。

10. 再加入卡士达酱,搅拌均匀即可。

飞雪有话说

1. 奶油卡士达酱是打发的黄油加入卡士达酱制作而成,滋味浓厚相当好吃。
2. 香草糖是用香草豆加细砂糖密封存放一个月制成的。

南瓜泥

原料　南瓜 1 块

做法　1．南瓜去皮后切块。

　　　　2．上蒸笼中火蒸 20 分钟至熟。

　　　　3．蒸好的南瓜过筛会更细腻。

　　　　4．过筛后的南瓜泥。

糖渍橙皮

原料　橙子 2 个（400 克）,绵白糖 70 克,水少许

分量　100 克

做法　1．橙子两个洗净取皮。

　　　　2．或者将橙子切半,轻松取皮。

　　　　3．加少许水,将橙皮煮 5 分钟,再浸泡 5 分钟。

　　　　4．煮过的橙子皮比较软,这样就能轻松地去掉里面的白膜。

　　　　5．然后将橙皮切成丝,加 50 克糖和少量的水煮。

　　　　6．煮好后,橙皮就比较有光泽啦。

　　　　7．再加 20 克糖搅拌均匀。

　　　　8．放入容器密封保存,应尽快吃完。

樱桃果酱

原料 樱桃 500 克,绵白糖 180 克,柠檬 1 个

做法 1. 樱桃泡盐水。

2. 清洗干净后去掉樱桃核和梗,将去核后的樱桃放入容器中。

3. 加入绵白糖和柠檬汁(柠檬汁根据各人口味适量添加)。

4. 搅拌均匀。

5. 盖上盖,腌一晚上。

6. 取出后,将樱桃倒入不锈钢小锅中。

7. 用小火煮,樱桃浮沫较多,所以要不停地去掉浮沫。

8. 将樱桃酱煮至浓稠,取一滴滴入冷水中会成酱状而不是分散状,就是煮好了。或者如图用勺子在锅底划一下,能看见锅底即可。

9. 可以用来蘸饼干或是面包、蛋糕等,也可以泡成樱桃茶来喝。

土豆泥

原料 土豆 1 个

1. 准备一个土豆,将土豆刨皮。

2. 切片放入盘子上,蒸 20 分钟左右。

3. 蒸熟后取出。

4. 用刮板按压成泥备用。

杂粮馅

原料 细砂糖 20 克,蜂蜜 20 克,黄油 20 克,杂粮片 40 克(也可以用杏仁片)

做法 1. 细砂糖、蜂蜜、黄油小火加热,全部融化就可以了。

2. 加入杂粮片搅拌均匀,放冰箱冷藏,让其自然凝固。

3. 烘焙前装入饼干内烘烤。

 Part 2
轻松上手的简易饼干

很多朋友学做饼干,都是先从比较简单的入手。
这里介绍几款混合混合、搅拌搅拌就能轻松上
手的小饼干。
不需要打发黄油,不需要过多的模具,有的甚至
连烤箱都不需要。
赶快跟飞雪一起开始饼干之旅吧!

咖啡饼干

夏天吃点心，最好搭配些清凉饮品。比如今天的这款咖啡曲奇，搭配冰淇淋口感一定很清爽！

 原　　料　咖啡粉 2.5 克，水 8 克，植物油 60 克，低筋面粉 100 克，泡打粉 3 克，红糖 40 克，核桃仁少许，冰淇淋少许

分　　量　12 个

烤箱温度　180℃中层烤 15 分钟

准备工作
1. 各种材料称量准确。
2. 核桃仁提前用 150℃烤 8 分钟。
3. 低筋面粉和泡打粉混合过筛。
4. 烤箱提前预热 10 分钟左右。

做　　法
1. 咖啡粉加入水混合均匀。
   加入热水较容易冲开，冲开后放凉备用。
2. 低筋面粉加入泡打粉过筛备用。
3. 咖啡粉溶液中加入红糖和植物油。
4. 搅拌均匀。
5. 倒入低筋面粉和泡打粉的混合物。
6. 混合成面团。
   面粉和油应自下而上混合，不要出筋。
7. 将面团平均分成 12 份。
8. 整形成圆形，上面按上烤过的核桃仁，烤箱180℃预热，中层，烤 15 分钟。

 飞雪有话说

我这里用的是冰淇淋内馅，你也可以用柠檬黄油馅或蔓越莓奶油馅。

葡萄干燕麦饼干

酸酸甜甜的葡萄干很好吃,把它加入到饼干中,饼干也变得酸酸甜甜起来!

🥣	**原　　料**	植物油 60 克,牛奶 50 克,绵白糖 30 克,燕麦片 50 克,低筋面粉 130 克,泡打粉 4 克,葡萄干 45 克
🍩	**分　　量**	约 24 块,约 15 克一个
🌡	**烤箱温度**	175℃中层烤 20 分钟
🔔	**准备工作**	1. 各种材料称量准确。　　3. 泡打粉和低筋面粉混合过筛。
		2. 烤箱提前预热 10 分钟。　　4. 葡萄干提前浸泡好并沥干水分。

🥄 **做　　法**

1. 植物油倒入容器中。

2. 加入牛奶和绵白糖。

3. 搅拌均匀。

4. 倒入即食燕麦片。

5. 加入过筛后的低筋面粉以及泡打粉和葡萄干。

葡萄干需要用朗姆酒浸泡并沥干水分,或者泡温水并沥干水分。泡朗姆酒风味更佳。泡过的葡萄干烤时不会烤干。

6. 混合均匀。

记得不要混合过度,拌匀即可,不要出筋。

7. 分成 15 克左右的小剂子,排入烤盘上,烤箱 175℃预热,烤 20 分钟左右即可。

 # 燕麦核桃饼干

刚开始学烘焙的时候,一般会做些原味的饼干。学得久了,就可以慢慢在饼干中加果仁、果干或粗粮。
这款饼干每一口都夹着燕麦的清香、果仁的酥香,上班的时候来一点,可以增加活力。

原　料 植物油 100 克,鸡蛋(去壳后分量)50 克,小苏打 0.8 克(小苏打分量较少,只需要用大拇指和食指捏一点即可),即食燕麦片 50 克,核桃仁 50 克,低筋面粉 100 克,细砂糖 40 克

分　量 约 28 块

烤箱温度 175℃中层烤 15～20 分钟(家用烤箱需要分两烤盘烤才能制作完成)

准备工作

1. 各种材料称量好,分量精准。

2. 低筋面粉和小苏打过筛备用。

3. 核桃放入 150℃烤箱预烤 8 分钟。

4. 烤箱提前预热 10 分钟左右。

做　法

1. 容器中倒入植物油,加入鸡蛋和细砂糖。

2. 然后用电动打蛋器搅拌 2 分钟左右。

看图片中的效果,呈一片混浊状就可以了。

3. 低筋面粉加小苏打混合均匀过筛。

这一步在制作前提前做好准备。

4. 然后将面粉倒入油糖液中。

5. 再倒入即食燕麦片。

即食燕麦片从超市购买,可以直接食用,泡牛奶味道更佳。

6. 核桃仁提前用 150℃的烤箱烤 8 分钟左右。因为核桃仁在饼干内部,所以要烤至约八成熟时再放入饼干中,如果是表面装饰用的可不用烤。

这一步也需要在制作前将核桃烤好。

7. 将核桃切成碎粒倒入容器中。

核桃仁尽可能切碎一点,这样成团的时候,不会影响到面团外观。

8. 翻拌均匀。

用刮刀从下往上拌均匀,不要划圈操作,以免出筋。

9. 再分成 13 克左右小面团,按压在烤盘上,形状尽量一致。

10. 烤箱 175℃预热,中层烤 15～20 分钟。

 飞雪有话说

　　针对冬天不易打发黄油的情况,可以用植物油来制作饼干。将植物油和白糖用电动打蛋器多搅拌几分钟,会让饼干有酥松的口感。我这里用的就是家里炒菜用的植物油。

 # 油炸芝麻饼

薄薄的饼干,块块夹着黑芝麻,因为是炸的,所以都透着香脆。

原　　料　低筋面粉 115 克,泡打粉 1 克,绵白糖 15 克,盐 2 克,水 60 克(水的量以能和成面团为佳),黑芝麻 20 克,白芝麻 20 克

分　　量　约 40 块

油　　温　约 150℃

准备工作
1. 低筋面粉加泡打粉过筛备用。
2. 炸制前油温要加热到 150℃。

做　　法

1. 低筋面粉、泡打粉过筛备用。

我一般喜欢在桌面上放一张油纸,筛子直接将粉类筛在油纸上,这样不会撒得到处都是。

2. 将粉类倒入盆中,再加入其他材料。

两种芝麻不用先烤熟处理,因为接下来还要炸。

3. 揉成面团,加盖醒 1 小时。

此处不用多揉,面粉成团即可;醒是为了让面团松弛,让面粉充分吸收水分,使接下来的工作就更容易,如果没有时间,也建议最少醒 15 分钟。

4. 然后擀成极薄的长片。厚度和芝麻的厚度一样就可以了。

5. 用模具压出你喜欢的形状。

现在市面上的饼干模形状有很多,选择自己喜欢的一种或多种就可以。

6. 放到油锅里用约 150℃的温度炸。油温低些的话饼干容易炸透。但也不能过低,过低容易吸油。这样不容易炸糊,炸的时候不要分神,两面都随时翻看一下,待饼干呈金黄色就取出。

7. 然后取出来沥油。

沥油可以用吸油纸,或是网状漏勺,将油沥出,饼干才不会过分油腻。

8. 虽然本身较薄,但炸过之后,饼干由于泡打粉的作用会显得略厚些。

飞雪有话说

1. 饼干本身里面没有油,炸过后才会香酥。这个和我们平时吃的排叉有些相似。
2. 一定要尽可能地擀薄些,因为炸的时候,饼干还会稍膨胀。
3. 为了节约用油,炸的时候尽量用小锅,然后分多次炸制完成。

 # 焦糖燕麦饼干

闲暇时光,来一块有着浓郁麦香的燕麦饼干,感觉整个身心都融入大自然中,而且充满了无限的能量。

🥣 **原　料**　焦糖酱 50 克,黄油 50 克,即食燕麦片 50 克,全麦面粉 50 克

🥞 **分　量**　每块直径约 5 厘米,约 14 块

🌡 **烤箱温度**　175℃中层烤 15 分钟

△ **准备工作**

1. 各种材料称量准确。
2. 烤箱提前 10 分钟预热。

🥄 做　法

1. 切片的黄油倒入焦糖酱中,放凉至室温。

刚制作好的焦糖酱本身温度较高,切片的黄油倒入后会立即融化。

2. 倒入燕麦片。

3. 再倒入全麦面粉。

因为很多全麦面粉都会有麦麸颗粒,所以这里不用过筛。

4. 翻拌均匀。

用刮刀从下往上翻拌,不是划圈搅拌,如果划圈会容易出筋,影响口感。

5. 平均分成约 15 克的小剂子,放在烤盘上压平,用肉锤压出纹路,烤箱 175℃预热,中层烤 15 分钟。

饼干一般不宜过厚,过厚不容易烤熟,也不会酥脆。

烤饼干最好垫油布或硅胶垫,这样不管是什么性质的饼干都不会粘烤盘。

如果没有肉锤也可不用,不会影响口感,只是没有花纹。如果发现肉锤粘饼干,可以在肉锤上撒些高筋面粉防粘。

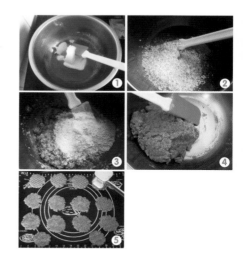

 ## 飞雪有话说

1. 焦糖酱做法见第 39 页。
2. 即食燕麦片很多超市有售,买回来后,可以加牛奶泡食做早餐。
3. 全麦面粉里有少许麸皮和小麦胚芽,更健康。
4. 制作饼干的时候一定要避免出筋。
5. 如果时间不赶,可以等饼干在烤箱中冷却后再取出来,这样会更酥脆。

Part 3
香味浓郁的蛋黄饼干

一提到蛋黄，人们总会联想到香浓的味道。不仅老人爱吃，小朋友也很爱吃。本章节每种饼干都会用到蛋黄，制作出来的饼干更香更酥，喜欢的朋友赶紧来试试吧。

橙皮曲奇

　　超市的饼干大多加了一些添加剂,而自己家里做的饼干,可以加天然香料。橙皮单独食用又苦又涩,加入饼干却能激发它们独特的味道,让原味的曲奇多了一份更特别的口感。

原　　料	黄油 155 克,糖粉 50 克,盐 1 克,果酱 40 克,低筋面粉 190 克,蛋黄 15 克	

分　　量　约 75 块

烤箱温度　180℃中层烤 18 分钟

准备工作
1. 各种材料称量好,分量精准。
2. 低筋面粉过筛备用。
3. 蛋黄、蛋白分开,放在两个碗内,留蛋黄备
用,回温到室温。
4. 在饼干面糊制作好后要将烤箱提前预热。
5. 黄油室温(约 20℃)下软化。

做　　法
1. 软化的黄油放入容器中先打散,再加入糖粉和盐打发。
2. 分 2 次加入蛋黄液。
3. 再加入橙皮果酱打发至羽毛状。
4. 然后加入过筛后面粉。
5. 搅拌均匀,放入装有中号樱花花嘴的花袋中挤出形状。烤箱 180℃预热,中层 18 分钟左右。

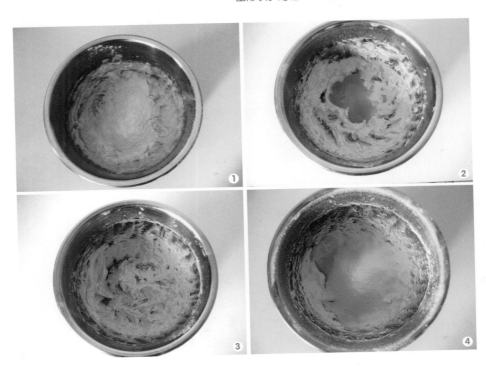

 # 橙皮方块饼干

这款饼干比较特别，有了橙皮的加入，吃完满口留香！休闲的时候吃上几块，就是一种享受！

🥣	**原　　料**	糖渍橙皮 35 克,黄油 48 克,蛋黄 1 个,细砂糖 30 克,低筋面粉 100 克,无铝泡打粉 1 克(如果为了健康此处也可以省略,影响不是很大)
🥫	**分　　量**	4 厘米×4 厘米方块约 16 块,厚 0.5 厘米左右
🌡️	**烤箱温度**	175℃左右烤中层 20 分钟

△ **准备工作**

1. 各种材料称量好,分量精准。

2. 低筋面粉和无铝泡打粉过筛备用。

3. 蛋黄、蛋白分开,放在 2 个碗内,留蛋黄备用,回温至室温。

4. 在饼干面糊制作好后要将烤箱提前预热。

5. 黄油置室温(约 20℃)下软化。

6. 糖渍橙皮切小段。

🥄 **做　　法**

1. 软化后的黄油放入无油无水的容器中,加入细砂糖用电动打蛋器打散;接着加入室温下的鸡蛋黄 1 个。

黄油温度过高会直接液化,过低又会变得硬硬的无法呈现软化的状态,因此温度很重要;为防止糖四处飞溅,可以选择稍高一点的容器,或者先手动用打蛋器搅拌几下;蛋黄和蛋液的浓稠度不太一样,所以直接加入蛋黄即可,如果是相同量的蛋液,应尽可能分两次加入,才不会出现油水分离的情况。

2. 然后再用电动打蛋器打发均匀。

3. 倒入过筛后的低筋面粉和泡打粉。

泡打粉也可不放。

4. 再倒入切成小段的糖渍橙皮。

5. 混合均匀,倒入保鲜袋中,用擀面棍擀成 0.5 厘米厚的长方形面片。放冰箱冷藏室 30 分钟。

冬天室温较低,也可以放室温中 30 分钟。夏天室温较高,冷藏后要快速操作,不然黄油极容易化掉,不易成形,冷藏也是为了后面更好地成形。

6. 取出冷藏后的面团,将保鲜袋撕掉,将面团放在案板上,用利刀切成 4 厘米宽的正方形。

7. 饼干放入烤盘中,烤箱 175℃预热。

烤盘中我用了硅胶垫,这种饼干黄油量较高,也可以不放硅胶垫或油布,不会粘在烤盘上。但一般情况下,我制作西点都会放硅胶垫或油布,以避免不必要的麻烦。

8. 中层烤 20 分钟至上色即可。

🐼 **飞雪有话说**

1. 糖渍橙皮的做法见第 41 页。

2. 放入面粉后,为了避免出筋,应用按压的方式拌和面团,再将面团用擀面棍整形成长方形即可。

3. 整形好的面片应醒一会儿再烤,防止收缩,也可以让面粉充分吸收水分。

 # 蛋黄饼

蛋黄有股浓浓的蛋香。在饼干里添加蛋黄，那股蛋香味在口中弥漫开来，久久地让人回味。

🥘	**原　　料**	蛋黄 2 个, 鸡蛋 1 个, 细砂糖 35 克, 低筋面粉 80 克
🥫	**分　　量**	约 60 块
🌡	**烤箱温度**	175℃中层烤 20 分钟

△ **准备工作**

1. 各种材料称量好, 分量精准。

2. 低筋面粉过筛备用。

3. 2 个鸡蛋蛋黄、蛋白分开, 放在两个碗内, 留蛋黄备用, 蛋白他用, 蛋黄回温至室温。

4. 在饼干面糊制作同时要将烤箱预热。

5. 鸡蛋室温存放, 打发时需要隔温水打发。

🥄 **做　　法**

1. 1 个鸡蛋加 2 个蛋黄倒入无油无水的容器中, 然后加入细砂糖先搅拌均匀。

这里是全蛋打发, 所以容器中一定要无油无水, 要想鸡蛋能顺利打发, 建议放在一个有温水的容器中隔温水打发, 让蛋液的温度保持在 40℃左右, 较容易打发成功, 也能节约时间。

2. 用电动打蛋器打至有纹路, 蛋糊滴下不会消失。

3. 低筋面粉过筛备用。

筛过的低筋面粉更细腻, 饼干吃起来不会有小颗粒。

4. 将低筋面粉倒入打发好的蛋糊中。

5. 自下而上翻拌均匀。

千万不要转圈搅拌, 这样极容易消泡, 怎么样知道是不是消泡了呢? 就是当面粉倒入蛋糊中, 蛋糊迅速地往下沉, 体积越来越小, 就是消泡了。

6. 将圆口花嘴装入裱花袋中, 并在裱花袋中装入面糊。可以直接挤成圆形, 放入预热 175℃的烤箱, 中层, 烤至 20 分钟左右上色即可。

一定要在硅胶垫或者是油布上挤面糊, 如果直接挤在烤盘或普通油纸上, 饼干会不容易取出。

飞雪有话说

1. 鸡蛋我用的是土鸡蛋, 一个 40 克左右。如果用的是洋鸡蛋, 应选稍小一点的。

2. 做好的蛋黄饼干有着浓重的鸡蛋香味。

3. 如果不喜欢蛋味的, 可以加少许香草精调节。

 ## 蛋黄椰子球

小小的椰子球酥酥脆脆,加入了蛋黄的椰子球更香酥了,让人一口接一口,欲罢不能。

🍳	**原　料**	黄油 60 克,盐 1 克,细砂糖 40 克,蛋黄 1 个,低筋面粉 100 克,椰蓉少许
🥫	**分　量**	约 42 块
🌡	**烤箱温度**	175℃中层烤 20 分钟

△ **准备工作**

1. 各种材料称量好,分量精准。
2. 低筋面粉过筛备用。
3. 蛋黄、蛋白分开,放在两个碗内,留蛋黄备

用,蛋白他用,蛋黄回温至室温。
4. 在饼干面糊制作好后要将烤箱提前预热。
5. 黄油置室温(约 20℃)下软化。

🥄 **做　法**

1. 黄油切薄片,置室温下软化。

黄油整块从冰箱取出后先切成薄片,这样接触室温面积增大,就极容易在短时间回温。如果手碰上去能轻松出现小洞,就是回温好了。可以进入下一步工作。

2. 先用打蛋器打发黄油,打至蓬松状。
3. 再加入细砂糖和盐打发。
4. 接着加入蛋黄打发。
5. 打发好的样子。

蛋黄也要是室温中的蛋黄,这样不会出现油水分离的情况。

6. 低筋面粉过筛。
7. 倒入打发好的黄油中。
8. 自下而上翻拌均匀。

拌均匀即可,时间不要长,否则饼干制作出来会比较硬。

9. 然后分成 5 克左右的小剂子,搓成小球。
10. 外面沾上椰蓉。
11. 放入烤盘中,烤箱 175℃预热,中层,烤 20 分钟左右。
12. 出炉后的椰子球酥脆可口。

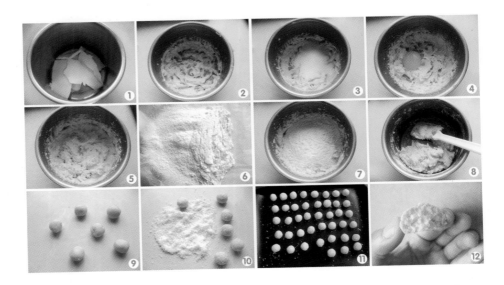

飞雪有话说

1. 黄油室温下软化好了才可打发,也可以用手动打蛋器。
2. 由于椰子球不是很大,所以制作过程中需要耐心。

岩石饼干

　　一款饼干是否香酥,主要在于这款饼干的黄油量。黄油越多,饼干就越香酥。但黄油过多,饼干就会显得油腻。这款岩石饼干,不用过多整形,虽然外形极其质朴,但其黄油、果仁的用量都恰到好处。每一口都能感受到蛋黄和果仁的香,让你爱不释口!

🍳	**原　　料**	低筋面粉 100 克,无铝泡打粉 1 克,黄油 50 克,糖粉 30 克,蛋黄 1 个,大杏仁 20 克
🥫	**分　　量**	20 个
🌡	**烤箱温度**	175℃中层烤 20 分钟

△ **准备工作**

1. 各种材料称量好,分量精准。
2. 低筋面粉和泡打粉过筛备用。
3. 蛋黄、蛋白分开,放在两个碗内,留蛋黄备用,蛋白他用,蛋黄回温至室温。
4. 在饼干面糊制作好后要将烤箱提前预热。
5. 黄油置室温(约 20℃)下软化。
6. 大杏仁提前切成碎粒。

🥄 **做　　法**

1. 黄油在室温下(20℃左右)软化,加入糖粉。
2. 低筋面粉加泡打粉混合过筛。
3. 黄油和糖粉先用手动打蛋器搅拌均匀,然后再打至蓬松。加入室温下的蛋黄。
黄油、糖粉预先拌匀可以防止糖粉倒处飞溅。
4. 打至混合均匀。
5. 倒入过筛好的低筋面粉。
6. 大杏仁切成碎粒。
7. 低筋面粉和黄油混合好后,加入巴旦木粒。
8. 混合均匀后,分成 20 个分量相等的小饼干坯,分布在铺有油纸的烤盘上,烤箱 175℃预热,将烤盘放入,烤到上色即可。

飞雪有话说

1. 油纸建议用质量稍好的硅油纸。
2. 黄油一定要放到 20℃左右才容易打发。气温较低时,黄油的温度要控制好。蛋黄也要室温保存,因为冷藏的蛋黄不太容易和黄油结合,会引起油水分离。
3. 这款饼干不用过多整形,吃多了形状规矩的小饼干,偶尔也来一次质朴的体验吧!

红茶酥饼

暖暖的午后，三五朋友小聚，来一杯茶，吃上几块红茶饼干。还有比这更美好的事吗？

原　　料　低筋面粉 180 克，黄油 100 克，糖粉 40 克，盐 1 克，蛋黄 1 个，红茶 2.5 克

分　　量　约 48 块

烤箱温度　175℃中层烤 20 分钟

准备工作
1. 各种材料称量好，分量精准。
2. 低筋面粉过筛备用。
3. 蛋黄、蛋白分开，放在两个碗内，留蛋黄备用，蛋白他用。
4. 在饼干面糊制作好后要将烤箱提前预热。
5. 红茶用搅拌机中的研磨杯磨碎。
6. 黄油室温（20℃左右）下软化。

做　　法
1. 将红茶用研磨杯磨成碎粒。
2. 黄油室温下软化。
切得越小，黄油越容易软化。
3. 加入糖粉和盐。
4. 先用打蛋器手动搅拌几下，让糖粉和黄油混合，再通电将黄油打发。
5. 再加入蛋黄。
6. 打发均匀。
7. 倒入过筛后的低筋面粉。
8. 再加入红茶碎末。
9. 用刮刀翻拌均匀。
10. 然后整形成长条形，外面用保鲜袋包好，放冰箱冷藏柜冷藏 30 分钟。
这样后面会比较好切。
11. 将面团取出来切成圆片，每片厚约 0.5 厘米。
12. 然后将饼干坯放入烤盘，烤箱 175℃预热好后，将烤盘放入，中层烤 20 分钟左右。

卡士达酱夹心饼干

厚厚的夹心饼干,每吃一块都让人非常满足,浓厚的卡士达酱配这款饼干再好不过了。

🥘	**原　　料**	低筋面粉 180 克,黄油 105 克,蛋黄 1 个,糖粉 50 克,盐 1 克,卡士达酱少许
🥫	**分　　量**	8 块左右
🌡	**烤箱温度**	175℃中层烤 20 分钟左右

△ **准备工作**

1. 各种材料称量好,分量精准。
2. 低筋面粉过筛备用。
3. 蛋黄、蛋白分开,放在两个碗内,留蛋黄备用,蛋白他用,蛋黄回温至室温。
4. 在饼干面糊制作好后要将烤箱提前预热。
5. 黄油室温(约 20℃)下软化。
6. 制作好的面团需要冷藏半小时再用。

🥄 **做　　法**

1. 黄油切小块软化后加糖粉和盐。
2. 用电动打蛋器打发。
3. 打发好后加入 1 个蛋黄。
4. 再次打发至比体积膨大 2 倍。
5. 低筋面粉过筛。
6. 倒入打发好的黄油中。
7. 混合均匀,用保鲜袋包好,放冰箱冷藏 30 分钟。

醒一下,面团会松弛,制作起来就容易了。

8. 再取出擀成 0.4 厘米厚的长方形面片。

擀的时候,也要将保鲜袋套在面片外面,这样面片不会粘擀面棍,比较好擀。

9. 然后撕掉保鲜膜,用饼干模具压出形状。

模具可以提前撒少许面粉防粘。

10. 提起,将压好的饼干再扣在烤盘上。

11. 将饼干均匀放在烤盘上,烤箱 175℃预热,中层烤 20 分钟左右。

饼干间要留有距离,防止饼干膨胀粘连。

12. 然后挤上奶油卡士达酱即可。奶油卡士达酱做法见第 40 页。

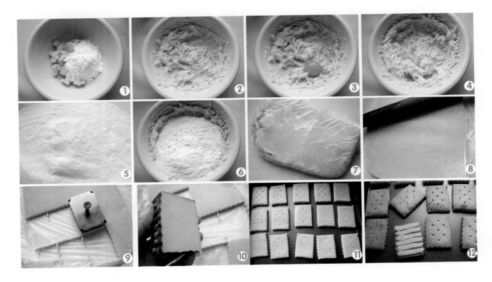

 玛格丽特

玛格丽特小饼干,可以做成原味,也可以加入果仁做成更多风味。很有意思哦!

🥘 **原　　料**　玉米淀粉 50 克,低筋面粉 50 克,黄油 50 克,蛋黄 1 个(约 12 克),糖粉 28 克,蔓越莓 5 克左右(做蔓越莓玛格丽特时会用到,做原味不需要此原料)

🫙 **分　　量**　每个球约 10 克,共 18 个

🌡 **烤箱温度**　175℃中层烤 20 分钟左右

△ **准备工作**
1. 各种材料称量好,分量精准。
2. 低筋面粉和玉米淀粉过筛备用。
3. 鸡蛋煮熟,留蛋黄备用,蛋白他用。
4. 在饼干面糊制作好后要将烤箱提前预热。
5. 黄油室温(约 20℃)下软化。
6. 蔓越莓切碎粒备用(仅指蔓越莓玛格丽特,原味不需此操作)。

🥄 **做　　法**
1. 黄油切薄片室温下软化。
2. 再加入糖粉。
3. 然后打发好。
4. 鸡蛋煮熟取蛋黄。
5. 将蛋黄过筛。
6. 过筛后的蛋黄会非常细腻。
7. 将过筛后的蛋黄倒入打发好的黄油中。
8. 搅拌均匀。
9. 低筋面粉和玉米淀粉混合过筛。
10. 倒入打发好的黄油中。
11. 翻拌均匀。
12. 放入保鲜袋中,再放冰箱冷藏室 30 分钟。
这样可以让面粉充分吸收水分。
13. 图 13~14 的操作是指蔓越莓玛格丽特的步骤,蔓越莓切碎粒。
14. 放入翻拌好的面团中混合均匀。
15. 分成 10 克左右的小球。
16. 用手按压。
17. 即是玛格丽特造型,放入预热好的烤箱中进行烘焙,约 20 分钟。

米奇卡通饼干

这是一款非常简单的黄油饼干,可以没事哄孩子玩。我女儿平时也挺喜欢看我做美食的,特别喜欢这款小饼干。大家有空可以教孩子做这款饼干,吃为辅,玩为主。

原　　料　黄油 100 克,细砂糖 40 克(如果不用细砂糖,可以用糖粉,不过要多放 10 克),蛋黄 1 个,低筋面粉 150 克

分　　量　约 28 块

烤箱温度　175℃中层烤 20 分钟左右

准备工作
1. 各种材料称量好,分量精准。
2. 低筋面粉过筛备用。
3. 蛋黄、蛋白分开,放在两个碗内,留蛋黄备

用,蛋白他用,蛋黄回温至室温。
4. 饼干面糊制作好后要将烤箱提前预热。
5. 黄油室温(约 20℃)下软化。

做　　法
1. 黄油切块软化。
2. 加入细砂糖打发至羽毛状。
3. 再加入蛋黄继续打发至白。蛋黄直接放进去就可以,不用分次加入。
4. 低筋面粉过筛。
因为低筋面粉容易结团,所以要过筛一下,这样饼干里不会有小颗粒。
5. 将低筋面粉倒入黄油中。
6. 用刮刀切拌成一个面团,放保鲜袋中入冰

箱冷藏 10 分钟。
这样是为了接下来容易操作。
7. 将面团从保鲜袋中取出,擀成厚约 0.4 厘米面片。如果粘手,可以撒面粉。
8. 用饼干模压形状。
注意在面片上按好眼睛后再借助刮板将饼干移到烤盘上。
9. 放烤盘上,烤箱 175℃预热,烤箱中层烤 20 分钟左右。要注意随时观察,上色即可,千万不要弄糊了。

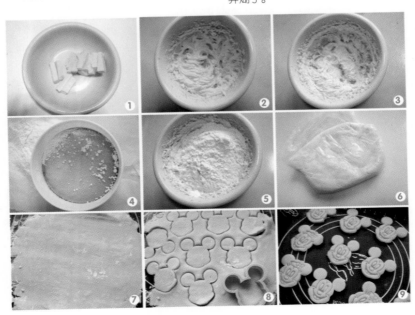

 # 红薯低糖饼干

秋冬天的红薯很多，上次有朋友说在车站吃到的红薯饼干特别好吃，让我也山寨一把。
于是特地做了这款红薯低糖饼干。利用红薯自身的甜味，只放了少许的糖粉，是一款低糖饼干。

🥣 **原　料**　红薯 120 克(微波炉内加热至熟,再进行过筛后取 55 克),黄油 40 克,糖粉 25 克,低筋面粉 100 克,蛋黄 1 个

🍥 **分　量**　厚 0.4 厘米,直径 5 厘米的饼干约 20 块

🌡 **烤箱温度**　175℃中层烤 20 分钟左右

△ **准备工作**

1. 各种材料称量好,分量精准。

2. 低筋面粉过筛备用。

3. 蛋黄、蛋白分开,放在两个碗内,留蛋黄备用,蛋白他用,蛋黄回温至室温。

4. 在饼干面糊制作好后要将烤箱提前预热。

5. 黄油室温(约 20℃)下软化。

6. 红薯需要提前加热至熟过筛备用。

🥄 **做　法**

1. 红薯切成薄片。
片越薄,越容易熟。

2. 盖上盖,放入微波炉内,加热至熟。
加盖是为了让红薯水分不至于流失太多;也可以放蒸锅里蒸 20 分钟左右,但蒸锅里水分较多,所以后面加的粉量还要调整。

3. 用筛子过筛一下。

4. 过筛好的红薯泥。过筛后的红薯泥口感会更好。如果喜欢粗糙口感的可以不用过筛子。另外筛子眼要稍大点,容易过去。

5. 低筋面粉过筛。

6. 过筛好的样子,如果不过筛,面粉会容易结团,操作起来可能会有小的颗粒。

7. 黄油切成块,室温软化。
由于冬天室温非常低,这种温度软化黄油是无法成功的,所以最好借助微波炉或电热毯,或家里的空调。我觉得微波炉最为省事,用解冻功能解冻 5～10 秒钟后看一下,直到达到要求。

8. 将黄油加入糖粉先用打蛋器打发。

9. 再放入 1 个蛋黄。
蛋白可以用来做蛋白脆饼,蛋白饼干里有做法。

10. 打发好的样子。

11. 再加入过筛后的红薯泥搅拌均匀。

12. 搅拌好后,会非常顺滑。

13. 倒入过筛好的低筋面粉。

14. 和成面团,别像做面包似的,那样容易出筋。向下按压即可成团。

15. 放入保鲜袋中,用擀面棍压成 0.4 厘米厚的薄片。

16. 压好后,用尺子整形成长方形,然后放冰箱冷藏 30 分钟,这样给面片一个松弛的时间。

17. 取出来后,撕掉保鲜袋,用模具压出饼干形状。

压的时候如果觉得面片粘模具,可以先给模具沾些高筋面粉再压模。

18. 上面用叉子扎一些小眼。

扎小眼可以让面片不会膨胀,烤出来形状也好看。

19. 所有饼干平放在烤盘上,四周留下一些距离。

间隔 1~2 厘米即可。

20. 烤箱 175℃预热,中层,烤 20 分钟左右。

有些朋友说,我的烤箱和你的一模一样,为什么温度到了,饼干却煳了。其实每台烤箱温度是不一样的。有的烤箱实际温度比较高,150℃就可以烤成功。有些人烤箱使用时间长了,实际温度就变低了。要放到 200℃ 才能成功。这个根据烤箱来调节,以饼干能烤好为准。

 飞雪有话说

1. 黄油在冬天非常不容易软化。家里有暖气和空调的就非常容易。所以应根据当天室温来决定用什么样的方式软化。

2. 饼干的面团不建议揉,用按压的方式比较好,揉出来的面团,口感会太硬。

3. 有些朋友不想用黄油,想用植物油。要知道黄油和植物油的口感是完全不一样的。有了黄油的饼干一般是酥松的,而用植物油的饼干是比较脆硬的。所以你在考虑做哪款饼干之前,要先想好自己想要的口感,两种油不能互相替代。

 Part 4
酥脆可口的蛋白饼干

蛋白有个优点,可以放冰箱冷冻保存一个月。注意,
一定要冷冻保存哦!如果放冷藏室容易长菌,放不
了一个月。当你蛋白多出来的时候,可以集中起来
做蛋白饼干。蛋白饼干最大的优点就是会让你体会
脆脆的口感,和蛋黄饼干明显不同,值得一试。

 # 蛋白霜饼干

小小的饼干因为蛋白带来酥脆的口感。一个个漂亮的花形，让人爱不释手。

🥣 **原　　料**　　蛋白 40 克，绵白糖 40 克，白醋 1 克，玉米淀粉 2 克

🫙 **分　　量**　　约 30 块

🌡 **烤箱温度**　　120℃中层烤 45 分钟左右

⚠ **准备工作**

1. 各种材料称量好，分量精准。
2. 玉米淀粉过筛备用。
3. 蛋黄、蛋白分开，放在两个碗内，留蛋白备用，蛋黄他用，蛋白回复至室温。
4. 在饼干面糊制作好后要将烤箱提前预热。

🥄 **做　　法**

1. 蛋白倒入无油无水的容器中。
2. 用电动打蛋器打至有泡沫。
3. 然后倒入绵白糖和白醋，打至纹路清晰，并打至蛋头呈清晰的三角。
4. 倒入玉米淀粉。
5. 然后翻拌均匀。
6. 花袋中装入中号花嘴并倒入蛋白霜，在有硅胶垫的烤盘上挤出花形。烤箱 120℃预热，中层烤 45 分钟左右。如果不用硅胶垫，饼干会不易取出。

指形蛋白脆饼

这是一款手指形的饼干，平时可以装在小饼干罐里，要吃的时候就取几片，其乐无穷。

🥄 **原　　料**　黄油45克，糖粉30克，蛋白1个（30克左右），低筋面粉50克

⬜ **分　　量**　约40块

🌡 **温　　度**　烤箱温度180℃，中层烤15分钟左右

⚠ **准备工作**

1. 各种材料称量好，分量精准。
2. 低筋面粉过筛备用。
3. 蛋黄、蛋白分开，放在两个碗内，留蛋白备用，蛋黄他用，蛋白回温至室温。
4. 在饼干面糊制作好后要将烤箱提前预热。
5. 黄油室温（约20℃）下软化。

🥄 **做　　法**

1. 软化的黄油加入糖粉。
   黄油的软化温度以20℃为宜。

2. 用电动打蛋器打至发白，分几次加入蛋白。
   蛋白要分几次加，以免引起油水分离。

3. 打至完全打发。

4. 再加入过筛后的面粉。

5. 翻拌均匀，不要出筋。
   意思就是不要拌得太光滑了。

6. 裱花袋装上裱花嘴后放入小杯子中，再将面糊倒入裱花袋中。

7. 我用的是圆口花嘴，直径0.7厘米。

8. 挤成长5厘米的长条，每个长条之间最好有5厘米的空当。因为烤时会向旁边铺开。烤箱180℃，预热，中层烤15~20分钟。
   注意要放在硅胶垫或油布上进行烘烤，一定要全程看着，这种薄片饼干极易烤煳。

 # 戒指饼干

这款饼干,黄油和蛋白的量很大,所以挤的时候就相当容易。另外由于蛋白本身的特质,饼干烤制出来后花纹清晰非常好看。

原　　料　　低筋面粉 100 克,黄油 75 克,糖粉 50 克,蛋白 50 克

填充馅料　　细砂糖 20 克,蜂蜜 20 克,黄油 20 克,杂粮片 40 克(如果没有,可以用杏仁片)

分　　量　　约 16 块

烤箱温度　　175℃中层烤 20 分钟左右

准备工作

1. 各种材料称量好,分量精准。

2. 低筋面粉过筛备用。

3. 蛋黄、蛋白分开,放在两个碗内,留蛋白备用,蛋黄他用,蛋白回温至室温。

4. 在饼干面糊制作好后要将烤箱提前预热。

5. 黄油室温(约 20℃)下软化。

6. 杂粮馅料提前做好。

做　　法

1. 先制作填充馅料,将细砂糖加蜂蜜、黄油小火加热,全部溶化就可以了。

2. 加入杂粮片搅拌均匀,放冰箱冷藏,让其自然凝固。

3. 黄油软化后,稍打发,加入糖粉。

4. 打发至黄油颜色发白。

5. 分次加入蛋白。
一般分三次加入,每次都要打发均匀。

6. 继续打至蓬松状。

7. 低筋面粉过筛一下,这样会没有颗粒。

8. 将低筋面粉倒入打发好的黄油中。

9. 用刮刀切拌混合好,不要出筋就可以了。
为什么不能出筋呢?因为出筋的饼干有嚼头,就不是我们想要的酥酥的感觉了。当然如果你喜欢有嚼头的饼干,就可以在饼干中加入高筋面粉。

10. 将面糊装入有裱花嘴的裱花袋中。

11. 在硅胶垫上挤出花形,挤的时候力度要均匀,大小要一致,这样成品外观才会好看。

12. 中间填入刚才的馅料就可以了。烤箱 175℃预热中层烤 20 分钟即可。

13. 如果是做成抹茶味的,可以将低筋面粉的 5%换成抹茶粉混入黄油中。

14. 挤成好看的花形,再装入馅料烤好即可。

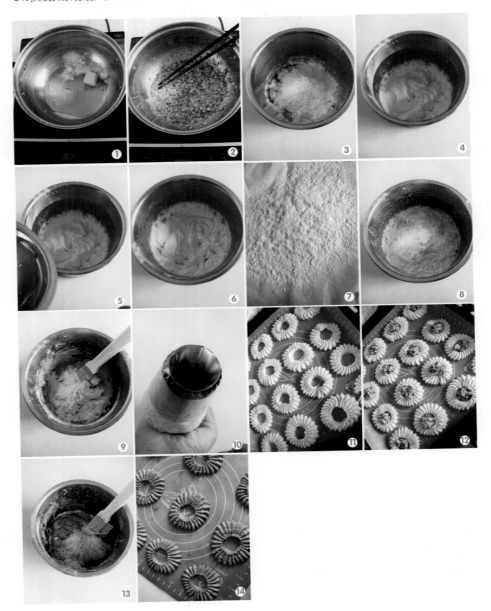

 飞雪有话说

1. 杂粮粒由芝麻、瓜子和一些杂粮组成,如果没有,可以用杏仁片、核桃碎代替。
2. 制作饼干,黄油打发是关键,一定不能造成油水分离。而且黄油一定要软化后才能打发,但不能化成液体,那样怎么打也不发的。
3. 蛋白的加入,一定要分次。每次让蛋白和黄油充分地融合,这样才不会失败。

黑芝麻蛋白饼干

这是一款转圈做的小饼干,可以叫它小蜗牛饼干,也可以叫它圈圈饼干,最重要的是它不同于超市里的饼干,很有特色。

🥘	**原　料**	芝麻 3 克,黄油 80 克,蛋白 38 克,盐 0.5 克,细砂糖 40 克,低筋面粉 140 克
🥡	**分　量**	约 16 个
🌡️	**烤箱温度**	175℃中层烤 20 分钟左右

🔺 **准备工作**

1. 各种材料称量好,分量精准。
2. 低筋面粉过筛备用。
3. 蛋黄、蛋白分开,放在两个碗内,留蛋白备用,蛋黄他用,蛋白回温至室温。
4. 在饼干面糊制作好后要将烤箱提前预热。
5. 黄油室温(约 20℃)下软化。
6. 芝麻提前烤熟。

🥄 **做　法**

1. 黄油软化,加入盐和细砂糖打发至蓬松。
2. 再分次加入蛋白,每次都要打发均匀后再加下一次。
3. 继续打发至蓬松。
4. 低筋面粉过筛。
5. 倒入打好的黄油蛋白糊中。
6. 翻拌均匀后加入烤熟的黑芝麻。
7. 再次翻拌均匀。时间不要太长,防止出筋。
8. 装入有圆口花嘴的花袋中,花嘴直径约 0.8 厘米。
9. 挤成蜗牛形状。
10. 并排挤入烤盘中。烤箱 175℃预热,中层,烤 20 分钟左右。
11. 出炉后的饼干。

糖霜饼干

　　现如今各行各业都讲究美容,比如人的脸、手、脚都有不同的美容作业,再比如汽车也有美容,各楼层的外观也有美容。今天,我就给饼干来美美容。

原　　料　低筋面粉 100 克,黄油 50 克,细砂糖 30 克,鸡蛋 20 克,盐 0.1 克

糖霜装饰　蛋白 14 克,糖粉 100 克,各种色香油少许,各种装饰糖少许,白醋几滴

分　　量　约 15 块

烤箱温度　175℃中层烤 20 分钟左右

准备工作
1. 各种材料称量好,分量精准。
2. 低筋面粉过筛备用。
3. 蛋黄、蛋白分开,放在两个碗内,留蛋白备
4. 在饼干面糊制作好后要将烤箱提前预热。
5. 黄油室温(约 20℃)下软化。
用,蛋黄他用,蛋白回温至室温。

做　　法
1. 黄油切块软化,注意不是融化。加入细砂糖和盐。

2. 打发至蓬松再分次加入蛋液,每次加入后都要打发均匀。

3. 再次打发至白。
但不要过于打发,如果过于打发,那烘烤的时候,饼干就会容易膨大,而今天我们做的是装饰饼干,不要求过于酥松。

4. 倒入过筛后的面粉。

5. 翻拌均匀。

6. 擀成 4 毫米厚的长方形面片,放冰箱冷藏室 30 分钟。
放一会儿后,面团里的水分能充分被面粉吸收,制作出来的饼干口感才好,也极易操作。

7. 30 分钟后取出面片,去掉保鲜袋,用模具压出形状。

8. 压好后放入烤盘中,烤箱 175℃预热,中层 20 分钟。

9. 下面开始制作糖霜,糖粉加入蛋白。

10. 打至润滑,然后加入几滴白醋调整稠薄度。
如果蛋白糖霜打得过于浓稠,加少许的白醋就会稀释了,如果再加少许的糖粉,那么糖霜就会再浓稠,可以根据需要稠了就加白醋,稀了就加糖粉。

11. 分别放入小号裱花袋中,每个袋子里挤几滴色香油用手揉均匀,用剪刀剪一丁点大的小洞,即可开始给饼干美容。

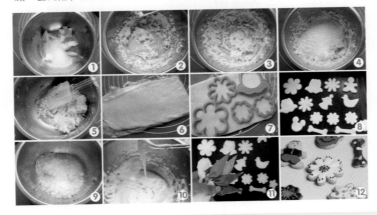

 飞雪有话说

1. 糖霜太稠的话挤出来表面会不平整;糖霜太稀的话容易在表面流淌,而且时间长了也不容易干。所以这个程度新手需要自己去调节一下。

2. 因为要装饰,所以不要求饼干烤好后膨胀,黄油打发时间要短一点。

杏仁瓦片酥

这款薄片用的是蛋白,一口咬下去,全是脆脆的响声,对于我们全家来说,这一个蛋白的分量完全不够,烤出来后一定马上被抢光,你准备好了吗?

🍳 **原　　料**	蛋白 1 个,细砂糖 30 克,低筋面粉 5 克,玉米淀粉 5 克,黄油 10 克,杏仁片 50 克	
🥫 **分　　量**	15 块左右	
🌡 **烤箱温度**	180℃中层烤 12 分钟左右(家用烤箱需要分两烤盘来烤)	

△ **准备工作**

1. 各种材料称量好,分量精准。

2. 低筋面粉和玉米淀粉过筛备用。

3. 蛋黄、蛋白分开,放在两个碗内,留蛋白备用,蛋黄他用,蛋白回温至室温。

4. 在饼干面糊制作好后要将烤箱提前预热。

5. 黄油加热融化成液体,室温下放凉备用。

6. 杏仁片不用提前烤熟。

🥄 **做　　法**

1. 蛋白加细砂糖倒入容器中。

2. 搅拌好后,倒入融化的黄油。
黄油融化后也要回温至室温,这样才不会烫熟蛋白。

3. 低筋面粉和玉米淀粉过筛。

4. 倒入蛋白液中。

5. 再将杏仁片也倒入蛋白液中。

6. 搅拌好。

7. 用小勺子慢慢摊平在烤盘上,烤盘上一定要铺油布或者硅胶垫,烤箱 180℃预热,中层,上下火烤 12~15 分钟。
饼干放置应该间距离相等,大小一致。
油布或硅胶垫非常适合做饼干,不管是蛋白性饼干,还是油量比较大的饼干,都不会粘在上面,极易操作。
烤的时候,要注意随时观察,不能烤糊了。

8. 出炉后的杏仁瓦片酥。

飞雪有话说

1. 这是一款特别可口又特别容易制作的饼干。

2. 制作卡士达酱,多出来的蛋白就可以做这款小饼干了。

3. 要注意的是,粉类要过筛,这样不会有小颗粒。

4. 烤好的饼干,为了让其更酥脆,可以到时间关火冷却后再开烤箱门。

椰蓉薄片

椰蓉想来是很多人不会抗拒,所以本书中收录了两款椰蓉薄片,希望给你带来两种不一样的口感。这款里低筋面粉稍多,下一款椰蓉稍多,不管哪一款,相信都会给你带来酥脆的味觉体验。

原　　料	黄油 50 克,糖粉 25 克,椰蓉 30 克,低筋面粉 65 克,蛋白 17 克	
分　　量	约 32 块	
烤箱温度	180℃中层烤 18 分钟左右(薄片家用烤箱需要分两次进行烘烤)	

准备工作

1. 各种材料称量好,分量精准。
2. 低筋面粉过筛备用。
3. 蛋黄、蛋白分开,放在两个碗内,留蛋白备用,蛋黄他用,蛋白回温到室温。
4. 在饼干面糊制作好后要将烤箱提前预热。
5. 黄油室温(约 20℃)下软化。

做　　法

1. 黄油室温下软化。
2. 加入糖粉。
3. 先手动搅拌几下,然后用电动打蛋器打发。
4. 分次加入蛋白。
   大约需要分三次进行操作,每次都要打发均匀后再加下一次。
5. 打发好的样子。
6. 低筋面粉过筛。
7. 打发好的黄油中,倒入低筋面粉。
8. 再倒入椰蓉。
9. 然后翻拌均匀。
10. 往瓦片模中加入面糊,每份约 5 克,整形成圆形。
11. 抹好面糊后拿掉瓦片模,放入预热好的烤箱,中层,烤约 18 分钟即可。
    随时注意观察,千万不要烤糊了哦。

椰蓉薄脆

薄薄脆脆的饼干,边缘烤出一层焦黄的颜色,吃起来有种薯片的感觉。

原　　料　蛋白60克,黄油75克,低筋面粉10克,椰蓉75克,细砂糖40克,盐0.5克

分　　量　约60块

烤箱温度　175℃中层烤10分钟(家用烤箱需要分三四盘来烤)

准备工作
1. 各种材料称量好,分量精准。
2. 低筋面粉过筛备用。
3. 蛋黄、蛋白分开,放在两个碗内,留蛋白备

用,蛋黄他用,蛋白回温到室温。
4. 在饼干面糊制作好后要将烤箱提前预热。
5. 黄油室温(约20℃)下软化。

做　　法
1. 黄油切小块软化,加入细砂糖和盐,先用手动打蛋器搅拌均匀。
2. 再用电动打蛋器打发。
3. 分次加入室温下的蛋白,每次都要打发均匀后再加下一次。
4. 蛋白全部加完后,再加入椰蓉。
5. 翻拌均匀后再倒入过筛后的低筋面粉。

6. 翻拌均匀,静置30分钟。
7. 然后用圆形瓦片模整形,每个小圆约3.6克椰蓉馅料。
8. 抹好后,将模具移开,这样就可以烤了。根据烤盘的大小决定薄片的个数。烤箱175℃预热,中层烤10分钟左右,至边缘发黄就可以了。
9. 如果想呈现弯曲的样子,出炉的时候压在擀面棍上定型即可。

 ## 蛋白脆片

　　很多人问瓦片模具怎么用,是不是要放进烤箱,其实不是啦,只是做出形状,然后把模具取下来,再送去烤箱烤。当然不一样的形状出来不一样的饼干哦。另外,缎带蛋糕也是这样操作的哦。

原　　料	黄油 45 克,糖粉 30 克,蛋白 40 克,低筋面粉 50 克	
分　　量	约 30 块	
烤箱温度	烤箱 180℃,中层烤 15 分钟左右	

准备工作

1. 各种材料称量好,分量精准。

2. 低筋面粉过筛备用。

3. 蛋黄、蛋白分开,放在两个碗内,留蛋白备用,蛋黄他用,蛋白回温到室温。

4. 在饼干面糊制作好后要将烤箱提前预热。

5. 黄油室温(约 20℃)下软化。

做　　法

1. 软化的黄油加入糖粉,先用手动打蛋器搅拌几下。

2. 再用电动打蛋器打至发白,分几次加入蛋白,每次都要打发均匀再加下一次。

3. 完全打好的样子。

4. 再加入过筛后的面粉。

5. 搅拌均匀,不要出筋。

6. 如果没有瓦片模可以用小勺将面糊摊成圆饼形。

7. 或者将面糊用抹刀倒入瓦片模具中,并抹去多余的面糊。

8. 再将瓦片模具取走。烤箱 180℃预热,预热好后将饼干放入中层烤 15 分钟左右。

千万注意,瓦片模是不能放在烤箱内烤的。

饼干最好放在硅油纸上操作,防止粘在烤盘上。千万不能直接放在烤盘上烤!

飞雪有话说

1. 既然是薄片,就一定要尽可能摊薄。用花嘴的就不用了,因为烤的时候饼干自己会摊开。但要注意周围要预留些空间,别烤得连成一片了。

2. 黄油室温下打发,加入蛋白的时候,要记得分次加入,且每次都要打发均匀后再加下一次。但即使蛋白没有打好,造成油水分离,我觉得一点儿也不影响饼干的口感,仍然会很脆。

3. 烤好的饼干周围会有一圈焦边,如果没有,饼干会不脆。饼干全部烤好后放烤箱中,凉至室温饼干会更脆。当然也可以将烤好的饼干拿出来自然冷却。

 # 瓜子酥

又酥又薄的饼干，上面有密密麻麻的瓜子仁，让它变得不再普通。今天的下午茶就是它了。

🥣 **原　　料**　蛋白 40 克，糖粉 40 克，植物油 40 克，瓜子仁 40 克，低筋面粉 40 克

🍩 **分　　量**　约 32 块

🌡 **烤箱温度**　170℃上层烤 15 分钟左右

△ **准备工作**

1. 各种材料称量好，分量精准。

2. 低筋面粉过筛备用。

3. 蛋黄蛋白分开，放在两个碗内，留蛋白备用，蛋黄他用，蛋白回温到室温。

4. 在饼干面糊制作好后要将烤箱提前预热。

5. 瓜子仁提前烤熟。

🥄 **做　　法**

1. 植物油加入糖粉搅拌均匀。植物油也就是炒菜的油，但应选无色无味的。

2. 再加入 1 个蛋白搅拌均匀。

3. 低筋面粉过筛。

4. 将过筛好的低筋面粉倒入蛋白中。

5. 搅拌均匀。

6. 前期准备工作：瓜子用烤箱150℃提前预热，中层烤 5～8 分钟。

7. 将蛋白面糊用小勺子舀入模具中成型。也可以直接整成圆形。蛋糊要涂均匀，这样烤的时候才会温度均匀。

8. 拿掉瓦片模，上面撒上瓜子仁，烤170℃预热，上层，烤 15 分钟左右。注意要放在硅胶垫或者油布上进行烘烤。

飞雪有话说

1. 瓜子提前稍烤一下，这样比较容易熟。

2. 烤好的饼干等烤箱关火晾凉后取出来会更脆。

4. 如果不喜欢太甜，糖粉可以少放一点。如果喜欢瓜子仁，可以再多放一点。

 Part 5

让人回味的酥性饼干

这种饼干即黄油打发饼干,一碰就容易碎,一吃就会酥,一酥就会让人欲罢不能,简直是老少通吃、人人喜欢。

这是飞雪向你推荐的饼干"重中之重"。前面的准备工作"黄油的打发"一定要学好哦,下面就开始很奇妙的黄油打发饼干之旅吧!

 # 凤梨酥

现在食品市场上鱼龙混杂，很多东西都名不副实。比如"蛋黄月饼"说是蛋黄，其实很多都用了假蛋黄。再比如火腿肠，说是火腿，其实很多不过是用淀粉充数而已。很多凤梨酥也不会有凤梨给你吃，大多不过是用冬瓜代替罢了。今天这个自家做的凤梨酥，那才叫一个"真材实料"。

🥣	**原　　料**	黄油 60 克，糖粉 50 克，鸡蛋 20 克，低筋面粉 80 克，奶粉 25 克
🥣	**馅　　料**	凤梨馅 300 克左右
🥣	**表面装饰**	装饰用芝麻少许
🗄	**模　　具**	凤梨酥模具
🗄	**分　　量**	约 11 个
🌡	**烤箱温度**	175℃中层，烤 20 分钟左右

🔔 **准备工作**

1. 各种材料称量好，分量精准。
2. 低筋面粉和奶粉过筛备用，鸡蛋回温到室温。
3. 烤前要将烤箱提前预热。

4. 黄油室温（约 20℃）下软化。
5. 芝麻不用烤熟。
6. 制作好的面团需要放冰箱冷藏 30 分钟。

🥄 **做　　法**

1. 黄油 60 克切块后软化。
2. 加入 50 克糖粉打发。
3. 再分两次加入蛋液打发，每次都要打发均匀后再加下一次。
4. 加入过筛后的 80 克低筋面粉和 25 克奶粉。
5. 混合成一个面团，放冰箱稍冷藏约 30 分钟。
放冰箱冷藏，是为了后面的操作。
6. 根据模具的大小分配面团和馅料。
我这个模具是正方形的，容量是 50 克。所以，

馅料 25 克左右，面团 25 克左右。如果喜欢吃馅多的，可以放馅 30 克，面团 20 克。

7. 取其中一份面皮擀圆，包入馅料。
8. 再包好，部分沾上些芝麻。
你也可以不沾芝麻，但沾些芝麻会更香。
9. 将面团放入模具中。
10. 按压填满模具。
11. 以下用同等方法操作。
12. 烤箱 175℃预热，上下火，预热后，将凤梨酥放入中层，烤 20 分钟左右，上色即可。
用模具烘烤，这样出来的形状才好看。

飞雪有话说

1. 凤梨酥的馅料自己炒制,会比较正宗,原料:菠萝去皮后 600 克,冬瓜去皮后 750 克,白糖 75 克,麦芽糖 75 克,柠檬汁少许(根据菠萝甜酸度来),成品馅料 300 克。但要注意不要炒太湿,会不好包。

2. 皮的制作不能揉太厉害,否则容易出筋。

3. 包的时候,根据模具大小来,如果分量太少,放入模具中会不好看。

4. 烤的时候,要用模具,因为放在模具里形状才会比较好看。如果没有模具,可以用一个模具压成形状来烤。但烤的时候,面皮会膨胀变形,形状会不好看。

5. 长方形的饼模大概要 30 克的分量。

 # 果酱曲奇

你喜欢什么样的果酱？把自己喜欢的果酱装饰在饼干上，每口都有甜蜜的果酱哦。

🥣 **原　　料**　低筋面粉100克,杏仁粉40克,黄油100克,糖粉30克,果酱少许

🍩 **分　　量**　约20块

🌡 **烤箱温度**　180℃中层烤20分钟左右

△ **准备工作**

1. 各种材料称量好,分量精准。

2. 低筋面粉过筛备用。

3. 在饼干面糊制作好后要将烤箱提前预热。

4. 黄油室温(约20℃)下软化。

🥄 **做　　法**

1. 黄油室温软化。

2. 加入糖粉用刮刀多搅拌几次。

3. 倒入过筛后的低筋面粉和杏仁粉。
杏仁粉可不过筛,加入杏仁粉可以让饼干更香更酥。

4. 用刮刀翻拌均匀。

5. 准备一个花嘴和花袋。

6. 将制作好的面糊装入花袋中。

7. 然后在烤盘上挤出花形。这种饼干黄油量较大,可以不用硅胶垫,直接在烤盘上挤出花形即可。

8. 在饼干中间挤上果酱。

9. 烤箱180℃中层烤20分钟左右上色即可。
如果烤完从烤箱取出来就移动饼干,可能会因为饼干香酥易碎,不容易取出。应该等饼干稍凉一点,再将饼干装盒中保存。

飞雪有话说 　　[**解读曲奇饼干配方**]

　　学饼干,做饼干,往往需要多思考,勤发现。其实不管做什么西点,不管如何变化都离不开其基本的原则。

　　一般曲奇的基本材料也就黄油、糖粉、鸡蛋、低筋面粉。黄油的量占饼干中用到的面粉量的70%左右。因为只有这样的饼干做出来才会因为高含量的黄油而香酥好吃。

　　有了黄油、面粉这对好搭档,还应该加上糖粉,有的朋友会用绵白糖。同等量的绵白糖肯定会比同等量的糖粉要甜,因为糖粉是含有淀粉的,所以不是太甜。但在打发黄油中,加入糖粉就会让黄油变得格外好打发。那么糖的量要占多少为宜呢? 我觉得达到低筋面粉量的40%甜度就可以了。有人会用到70%,也有人会用到30%,这要根据你对饼干甜度的要求而定了。

　　有了酥松度和甜味感,接下来有的曲奇配方里会放鸡蛋。100克黄油一般要放50克鸡蛋,有的人放30克蛋黄,还有的人放50克蛋白。这个其实很随意,但要注意一点,就是在加入鸡蛋的时候,一定要分次加入,不能油水分离。

　　一般的曲奇,低筋面粉量基本上接近黄油和鸡蛋的量。这样做出来的饼干才好挤,而且酥松度也佳,花型也不会变形走样。不过,如果你做的是压制而成的饼干,就要多加些低筋面粉,让饼干坯子初步成形后再制作。放入蜜饯,或是干果,一定会让饼干增色不少。配方中仅有黄油、鸡蛋、面粉、绵白糖的话,如果你的黄油、鸡蛋加其他液体的量低于低筋面粉的80%,那么,这个饼干如果用花袋的话,就不容易挤出。

玻璃挤花饼干

　　饼干本身是酥酥的,而糖果却是脆脆的。当脆脆的糖果和酥酥的饼干结合在一起,就会带给我们不一般的感受。说它是糖可又不是糖,说它是饼干却因为各种口味糖的加入,又别具风味。

🍳 **原　料**	低筋面粉 150 克,黄油 100 克,鸡蛋 25 克,糖粉 80 克,红曲粉 4 克,各种口味糖果几粒	
🥫 **分　量**	约 20 块	
🌡 **烤箱温度**	175℃中层烤 18 分钟左右	

△ **准备工作**

1. 各种材料称量好,分量精准。
2. 低筋面粉和红曲粉混合过筛备用。
3. 鸡蛋回温到室温。
4. 在饼干面糊制作好后要将烤箱提前预热。
5. 黄油室温(约 20℃)下软化。
6. 各种口味糖果敲碎备用。

🥄 **做　法**

1. 黄油软化后,加入糖粉打发,再分两次加入鸡蛋液打发。
黄油一定要软化了再打发,不然太硬了就打不动了,鸡蛋液每次打发均匀后再加下一次。

2. 低筋面粉加入红曲粉过筛。
红曲粉放多了味道会有些发酸,所以放 4 克就可以了。

3. 将混合后的低筋面粉倒入打发好的黄油中。

4. 搅拌均匀。

5. 将挤花花嘴装入花袋中。

6. 将面糊装入挤花袋中,挤出形状。

7. 糖果敲碎后,放在饼干中间。烤箱 175℃预热,中层,上下火,烤 18 分钟左右上色即可。
烤饼干的时候,最好用硅胶垫或油布,这样不容易粘饼干。
糖果在烤的时候会自动扩展,形成透明玻璃色,所以一定要等饼干放凉后再取出饼干。
做饼干的时候,建议不时看一会儿烤箱,不然煳掉就不好了。

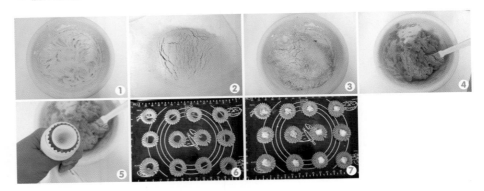

大理石饼干

🥣 **白色面团原料**　黄油 60 克,鸡蛋液 8 克,糖粉 35 克,低筋面粉 100 克

🥣 **黑色面团原料**　黄油 60 克,鸡蛋液 8 克,低筋面粉 85 克,可可粉 15 克,糖粉 35 克

🥫 **分　　量**　约 28 块

🌡 **烤箱温度**　175℃中层烤 20 分钟左右

⚠ **准备工作**

1. 各种材料称量好,分量精准。
2. 白色面团中低筋面粉过筛备用,黑色面团中低筋面粉和可可粉过筛备用。
3. 鸡蛋液回温到室温。
4. 在饼干面糊制作好后要将烤箱提前预热。
5. 黄油室温(约 20℃)下软化。

🥄 **做　　法**

1. 黄油切成小块,软化至 20℃。
2. 糖粉先和黄油混合均匀,再打发。
3. 然后加入蛋液。
4. 再用打蛋器打发。
因为这次做的是冷藏饼干,所以不用打太发。不然烤时会膨胀。
5. 面粉过筛,过筛后就没有小颗粒了。
6. 将面粉倒入黄油中。
7. 然后按压式混合均匀。
8. 装入保鲜袋中,醒 10 分钟。
9. 黑色面团也经过同样处理,将两种颜色面团不规则混合在一起,呈现下图的效果,整形成柱体,放冰箱冷冻 30 分钟。
面团冷冻后就会变硬,变硬后的饼干切起来就非常容易啦!
10. 切片,烤箱 175℃烘烤 20 分钟左右。

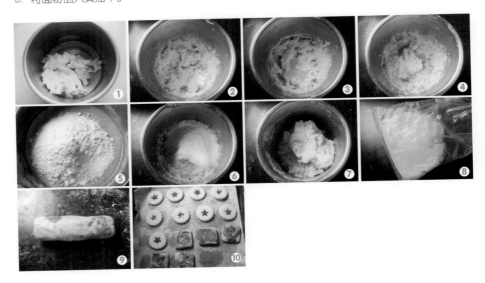

豆沙一口酥

豆沙本身是甜甜的,做成小点心,装在饼干面皮里面,别有一番美妙滋味。里面有豆沙,外面有芝麻,这小点心能不好吃吗?

🥣	**原　　料**	黄油 40 克,鸡蛋 40 克,糖粉 20 克,低筋面粉 120 克
🥣	**馅　　料**	豆沙 200 克
🍯	**分　　量**	约 25 块
🍯	**表面装饰**	蛋黄液少许,芝麻少许
🌡	**烤箱温度**	180℃中层烤 20 分钟左右

⚠	**准备工作**	1. 各种材料称量好,分量精准。
		2. 低筋面粉过筛备用。
		3. 蛋黄液回温到室温。
		4. 在饼干面糊制作好后要将烤箱提前预热。
		5. 黄油室温(约 20℃)下软化。

🥄 **做　　法**

1. 黄油软化后加入糖粉打发。
糖粉先和黄油手动搅拌几下,防止粉类飞溅。

2. 再分次加入鸡蛋打发,每次加入都要打发均匀,注意不要油水分离。

3. 低筋面粉过筛。

4. 然后倒入黄油中。

5. 翻拌均匀,然后放入保鲜袋中放冰箱冷藏室静置 20 分钟。

6. 取出面团后,用擀面棍擀成长方形面片。
在保鲜袋外面擀不易粘。

7. 去掉保鲜袋。用刀分成两片。

8. 取其中一片,上面放 100 克搓好的豆沙馅长条。

9. 然后将两边封口,封口后的样子见上面那条。把封口处朝下,切成小块。

10. 上面刷蛋液、撒芝麻,烤箱 180℃预热,中层,烤20 分钟左右,上色即可。

果酱夹心饼干

夹心类的饼干好处就在于既可以夹果酱,也可以夹巧克力酱,如果换成焦糖酱,口味也很好。

🥘 **原　　料**	黄油 110 克,糖粉 100 克,鸡蛋液 40 克,低筋面粉 200 克	
🥫 **分　　量**	约 40 块	
🌡 **烤箱温度**	175℃中层烤 15 分钟左右	
🔔 **准备工作**	1. 各种材料称量好,分量精准。	4. 在饼干面糊制作好后要将烤箱提前预热。
	2. 低筋面粉过筛备用。	5. 黄油室温(约 20℃)下软化。
	3. 鸡蛋液回温到室温。	

做　　法

1. 黄油切成小块软化,小块的黄油更容易软化。软化至用手能轻轻按动即可。

2. 黄油加入糖粉打至发白。

3. 然后分三次加入鸡蛋液,每次均打至蛋液被黄油均匀吸收。

4. 再加入过筛后的面粉。

5. 混合均匀,放入保鲜袋中,再放冰箱冷藏半个小时。

混合的时候不要出筋,按压的方式比较好,不要转圈搅拌。

6. 冻得稍硬后,取出来,擀成薄的面片,用饼干模压出花纹。

压的时候最好在硅胶垫上操作,因为硅胶垫不容易粘饼干。

7. 要想做出夹馅的饼干,先要做出底部的花形。还要再按一个和底部花形同样的面片,再从中间压出一块来,好夹馅。

8. 放入预热好的烤箱中,175℃中层烤 15 分钟左右。

 飞雪有话说

1. 黄油一定要软化后才好打发,这样做出来的饼干才香酥好吃。

2. 混合好的面团是比较粘的,可以手上沾少许高筋面粉操作。冻硬后就容易操作了。

3. 压出来的饼干要大小一致,厚薄均匀,这样烤的时候上色才会均匀。

4. 夹的果酱可以用自己制作的果酱,也可以用超市买的果酱。

花生酱小饼干

小饼干里加了些花生酱,多了花生的香味,让人欲罢不能。

原　　料　黄油 75 克,绵白糖 60 克,鸡蛋 1 个,花生酱 50 克,低筋面粉 150 克,小苏打 1.5 克

分　　量　约 33 块

烤箱温度　175℃中层烤 18 分钟左右

准备工作
1. 各种材料称量好,分量精准。
2. 低筋面粉和小苏打过筛备用。
3. 鸡蛋回温到室温。
4. 在饼干面糊制作好后要将烤箱提前预热。
5. 黄油室温(约 20℃)下软化。

做　　法
1. 黄油室温下软化,加入绵白糖打发。
2. 再分次加入鸡蛋打发,每次加入都要打发均匀后再加下一次。
分次加入蛋液,不容易油水分离。
3. 加入花生酱。
颗粒或原味的花生酱都可以去超市买,也可以自己在家里用烤熟的花生去皮后用料理机制作花生酱。
4. 搅拌均匀,此时黄油比较蓬发。
5. 倒入过筛后的低筋面粉和小苏打粉。
小苏打的作用就是让饼干吃起来更酥。
6. 然后混合好。
7. 分成 10 克的小剂子,搓成圆形。
8. 用叉子压出纹路,放入预热 175℃的烤箱中,中层,烤 18 分钟左右。

飞雪有话说

1. 黄油一定要室温下软化,软化至手能轻松按出一个小洞即可。
2. 白糖和糖粉有些区别,因为糖粉里有淀粉的成分,甜度会低一些,所以放糖粉的话,量要多一点。
3. 如果叉子压下去会粘面团,可以在叉子上沾些面粉再压。

黄油薄片酥

既然有黄油,又是薄片,那这款饼干一定很酥,取的时候一定要轻拿轻放。喜欢香酥饼干的朋友不要错过了。

原　　料　低筋面粉 140 克,黄油 40 克,植物油 40 克,鸡蛋液 10 克,水 25 克,细砂糖 40 克,盐 0.5 克

分　　量　约 65 块

烤箱温度　175℃中层烤 15 分钟左右

准备工作

1. 各种材料称量好,分量精准。
2. 低筋面粉过筛备用。
3. 鸡蛋液回温到室温。
4. 在饼干面糊制作好后要将烤箱提前预热。
5. 黄油室温(约 20℃)下软化。

做　　法

1. 黄油软化后加入细砂糖和盐打发。
2. 再分次加入植物油。
3. 搅拌均匀。
4. 再加入鸡蛋液。
5. 搅拌均匀后分次加入水。

水也要注意回温到室温,不要温度过低,否则会导致油水分离。

6. 搅拌均匀。
7. 倒入过筛后的低筋面粉。

8. 翻拌均匀。
9. 包入保鲜袋,放入冷藏室 30 分钟取出。
10. 然后分成每份约 3 克的小剂子,用瓦片模在烤盘上压出圆形。

瓦片模是用来造型用的,当形状做成后,一定要取出瓦片模再进行烘烤。

11. 烤箱 175℃预热,中层烤 15 分钟左右。

这种饼干非常薄,又特别容易煳,所以烤的时候一定要注意全程观察,一旦上色就取出来。因为每次制作量不是很大,要多准备几个烤盘,这样比较节约时间。

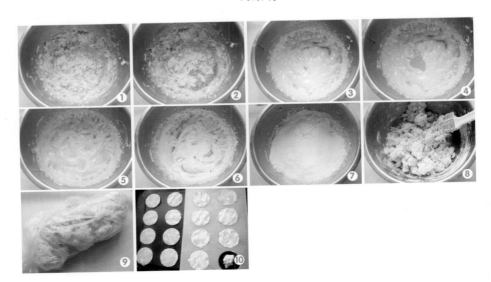

 # 咖啡夹馅小圆饼

　　这是一款用蛋糕坯制作出来的小饼干，口感有点干，怎样才能解决这个问题呢？夹入好吃的咖啡夹馅吧，外干内润，口感马上得到了提升。

🥣	**圆饼材料**	鸡蛋 2 个，细砂糖 30 克，低筋面粉 70 克
🥣	**夹　　馅**	咖啡奶油霜少许
🥣	**表面装饰**	糖粉少许
🥫	**分　　量**	约 25 块
🌡	**烤箱温度**	175℃中层烤 20 分钟左右
△	**准备工作**	

1. 各种材料称量好，分量精准。
2. 低筋面粉过筛备用。
3. 鸡蛋回温到室温。
4. 在饼干面糊制作好后要将烤箱提前预热。
5. 黄油室温（约 20℃）下软化。

🥄 做　　法

1. 蛋黄和蛋白分开，蛋白放入无油无水的容器中。

蛋白只有在无油无水的容器里才容易打发。如果容器中有油或水，甚至有一丁点蛋黄，都无法保证打发成功。

2. 将蛋白加入细砂糖打至硬性发泡。

所谓硬性发泡，就是蛋白打好后，打蛋头要呈现倒三角状态，同时打蛋盆倒扣要不能掉出蛋白来。

3. 蛋黄放入另一个容器中，也打至发白。

4. 将蛋黄放入蛋白中混合。

5. 自下而上混合至稍均匀。

6. 低筋面粉过筛。

7. 然后将低筋面粉也倒入蛋白中。

8. 同第五步一样混合均匀。

这一步非常重要，如果在混合的过程中消泡了，那么小饼干烤时也不容易膨胀，所以一定要确保第一步蛋白打发成功。

9. 花袋放入玻璃瓶子中。

10. 然后倒入面糊。

11. 将花袋后端扎紧，前端剪出一个小口子，挤出圆形在放有硅胶垫的烤盘中，距离相等，大小差不多。

12. 挤出的面糊会表面有小尖，可以手指沾水抹平。也可以不进行此步。放入预热 175℃的烤箱，中层，烤至上色，放凉后夹入馅料，淋上糖粉装饰即可。

飞雪有话说

1. 因为此款小饼干是夹馅饼干，所以饼干在制作的时候糖不要放太多。

2. 咖啡奶油霜做法见第 40 页。根据个人口味决定咖啡液的多少和糖的多少。咖啡最好分次加入，这样不容易油水分离。

 # 南瓜曲奇

　　南瓜曲奇从外观上看是金灿灿的，是因为里面加了很多南瓜泥的原因，外面再点缀一个小南瓜子，形状颜色都很棒。

🥣 **原　　料**　　低筋面粉 80 克，南瓜泥 32 克，黄油 50 克，糖粉 30 克，盐 0.5 克

🥣 **装饰材料**　　南瓜子少许

🗄 **分　　量**　　约 40 块

🌡 **烤箱温度**　　175℃中层烤 20 分钟左右

⚠ **准备工作**

1. 各种材料称量好，分量精准。
2. 低筋面粉过筛备用。
3. 南瓜要进行预处理，制作成南瓜泥。
4. 在饼干面糊制作好后要将烤箱提前预热。
5. 黄油室温(约 20℃)下软化。
6. 南瓜子要烤箱 150℃烤几分钟至八成熟。

🥄 **做　　法**

1. 提前准备工作，将南瓜去皮后切块放入盘子中。
2. 上蒸锅，中火蒸 20 分钟左右即是南瓜泥，取 32 克过筛备用。
3. 黄油软化后，倒入无油无水的容器中，再加入糖粉和盐。
约 20℃左右，轻按黄油即有小洞的状态，容器根据黄油的量来决定，黄油量少的时候，要选择小一点的容器。
4. 先用打蛋器手动搅拌几次。
这样做的目的，是为了让糖粉在打发的时候不会到处飞溅。
5. 然后用电动打蛋器打发，呈乳白色的状态。

6. 再加入南瓜泥。
7. 继续用电动打蛋器搅拌均匀。
8. 倒入过筛后的低筋面粉。
面粉一定要过筛，否则在拌粉的时候容易出现小颗粒。
9. 翻拌均匀。
时间不要长，拌至看不见面粉颗粒即可。如果长时间搅拌，面糊容易出筋，会影响饼干的口感，导致饼干发硬。
10. 装入有中号花嘴的挤花袋中。
11. 挤出花形。
12. 上面装饰南瓜子。
13. 烤箱 175℃预热，中层，烤 20 分钟左右至上色即可。

飞雪有话说

1. 每个饼干的大小要均匀一致。如果形状不一样，会导致饼干上色不一样。

2. 有些烤箱内部里层温度较高，在烤至一半的时候，建议对调烤盘再烤。

3. 有些新手对于做饼干经验不足，如果发现饼干还不酥脆，可以再放烤箱多烤几分钟后关火，当烤箱冷却后再取出烤盘。

4. 烤好的饼干，从烤箱取出来，放凉后再装入保鲜袋中保存。

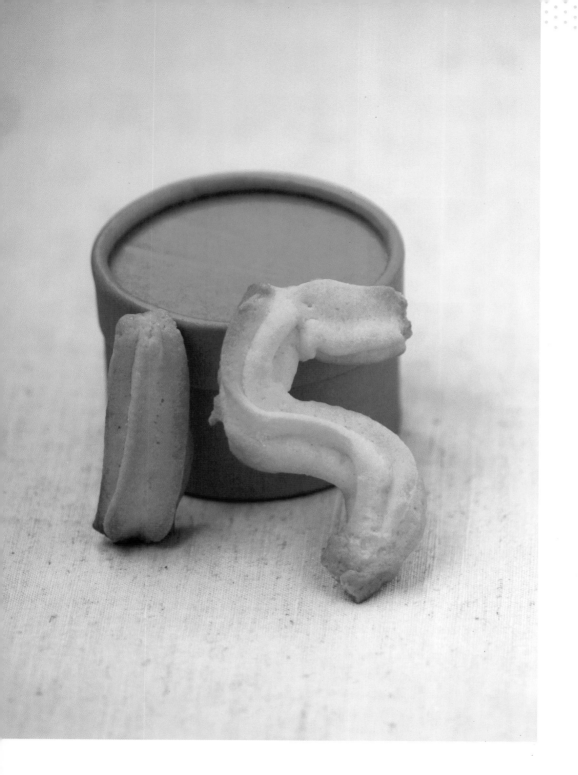

🁢 数字曲奇

　　女儿一看到曲奇好高兴。吃了几个问："妈妈,你看我吃的是几啊?"我说:"是'1'吗?"女儿说:"不是啦,是'4',我吃掉了旁边的,所以看起来像'1'。"总共写了两个"8",听说我吃了个"8",她爸爸也吃了个"8",她还有意见呢,说自己没吃到"8",看来,不光是小朋友好哄,十几岁的大朋友也可以哄得好开心。

| 🥣 | **原　　料** | 低筋面粉 150 克,黄油 100 克,鸡蛋液 40 克,糖粉 45 克,盐 0.5 克 |

| 🥫 | **分　　量** | 约 24 块 |

| 🌡 | **烤箱温度** | 175℃中层烤 15 分钟左右 |

| △ | **准备工作** | 1. 各种材料称量好,分量精准。 |

- 2. 低筋面粉过筛备用。
- 3. 鸡蛋液回温到室温。
- 4. 在饼干面糊制作好后要将烤箱提前预热。
- 5. 黄油室温(约 20℃)下软化。

做　　法

1. 黄油切成小块室温下软化。

2. 低筋面粉过筛备用。

3. 鸡蛋液放在小碗里隔温水加热至室温。
如果室温比较高,可不用这样操作。室温比较低的情况下这样可以适当提高蛋液温度。

4. 黄油如果室温下还是比较硬,可以利用吹风机吹一会儿至软化。

5. 将黄油先打发。

6. 然后加入过筛后的糖粉和盐。
糖粉最好过筛一下,这样会比较细腻。

7. 再打发至羽毛状。

8. 然后分次加入蛋液,每次都要打发均匀。
一次性加容易油水分离。所以要分次加蛋液。

9. 蛋液全部加好的样子。

10. 然后倒入低筋面粉。

11. 翻拌均匀。

12. 放入有中号裱花嘴的裱花袋中,在烤盘上挤出数字形状。烤盘上最好放硅胶垫。烤箱 175℃预热,中层,烤 15 分钟左右。

 飞雪有话说 　[**曲奇怎样才香酥?**]

　　曲奇好不好吃,香不香脆跟油量有很大关系。一般曲奇的油量占面粉的比例可达到七成,甚至能达到九成。面粉中有了油,才会酥。而面粉中多了水,会起筋。所以,面团加了水,放一会儿,就容易生成面筋。而制作饼干,用低筋面粉就是为了让它不起筋。所以水量一般少之又少。很多配方中,会用牛奶或鸡蛋来代替水。

　　制作好的曲奇面糊,要立即挤花烘焙,这和冷藏性饼干、派以及酥皮点心不一样(派和酥皮点心的面糊在烘焙前需要静置,这样烘焙的时候才不会收缩)。因为曲奇面糊在室温下放置时间越长,越容易出筋哦。

立体卡通饼干

这种卡通形小饼干,最适合和小朋友一起操作,既可以增进感情又可以游戏,最重要的是还有饼干吃。

🥄 **原　　料**　黄油63克,糖粉40克,低筋面粉95克,鸡蛋液15克

🗂 **分　　量**　约8个

🌡 **烤箱温度**　175℃中层烤20分钟左右

⚠ **准备工作**

1. 各种材料称量好,分量精准。
2. 低筋面粉过筛备用。
3. 鸡蛋液回温到室温。
4. 在饼干面糊制作好后要将烤箱提前预热。
5. 黄油室温(约20℃)下软化。

🥢 **做　　法**

1. 黄油切成小块,放在无油无水的容器,室温下软化。
2. 加入糖粉,用干净的打蛋器打至蓬松。
3. 分次加入蛋液,每次都要打发均匀后再加下一次。
4. 再倒入过筛后的面粉混合均匀。
5. 装入保鲜袋中,放入冰箱冷藏30分钟。
6. 取出面团,手上沾少许高筋面粉防粘。擀制0.3厘米厚的面片,用饼干模压出形状。
7. 烤箱175℃预热,中层烤20分钟左右。

巧克力装饰饼干

原　料	黄油 70 克，糖粉 50 克，鸡蛋液 25 克，低筋面粉 90 克，可可粉 10 克	
装　饰	白巧克力 50 克，卡通糖 10 克	
分　量	约 22 块	
烤箱温度	180℃烤 15 分钟左右	

△ 准备工作

1. 各种材料称量好，分量精准。
2. 低筋面粉加入可可粉过筛备用。
3. 鸡蛋液回温到室温。
4. 在饼干面糊制作好后要将烤箱提前预热。
5. 黄油室温（约 20℃）下软化。
6. 白巧克力要进行预处理，隔温水液化备用。

 做　法

1. 低筋面粉和可可粉混合过筛。
2. 黄油切成小块，室温下软化。
3. 加入糖粉。
4. 打至黄油发白。
5. 再分几次加入蛋液，每次都要打发均匀后再加下一次。
6. 将过筛后的低筋面粉倒入黄油中。
7. 翻拌均匀。
8. 将面糊装入花袋中，用八齿中号花嘴挤出形状。烤箱 180℃预热后，中层，将饼干放入，烤 15 分钟左右。
9. 烤好的饼干放凉，白巧克力隔水融化，均匀地挤在饼干上，并贴上卡通糖装饰。

蔓越莓酥饼

这是一款极香酥的小酥饼,刚开始一看的时候肯定觉得很普通,可是一口咬下去,酸酸甜甜的蔓越莓就隐藏在里面,味道很不错哦。

🍳	**原　　料**	鸡蛋液 17 克,黄油 35 克,低筋面粉 75 克,糖粉 22 克,蔓越莓 25 克,盐 0.1 克(盐可不加)
🫙	**分　　量**	约 27 块
🌡	**烤箱温度**	175℃中层烤 18 分钟左右

准备工作

1. 各种材料称量好,分量精准。
2. 低筋面粉过筛备用。
3. 鸡蛋液回温到室温。
4. 在饼干面糊制作好后要将烤箱提前预热。
5. 黄油室温(约 20℃)下软化。
6. 蔓越莓提前分成小块。

做　　法

1. 黄油切成小块,放在无油无水的容器里,室温下软化。
2. 加入糖粉和盐,用干净的打蛋器打至蓬松。
3. 分次加入蛋液,每次都要打发均匀后再加下一次。
4. 再倒入过筛后的面粉混合均匀后,分成 27 个小面团,同时蔓越莓也分成小块。
5. 将蔓越莓包入小面团。
6. 整形成圆形,放入烤盘,两块小饼干之间留有 1~2 厘米的距离。
7. 烤箱 175℃预热,中层烤 18 分钟左右即可。

 # 蔓越莓酥球

同样是一款蔓越莓饼干,但它圆球形的外形更为特别,而且从内到外都是表里如一,处处有着蔓越莓的影子,所以称为蔓越莓酥球。

🍲	**原　料**	低筋面粉 150 克,黄油 75 克,盐 0.5 克,细砂糖 30 克,蔓越莓干 40 克,鸡蛋液 25 克
🫙	**分　量**	约 32 块
🌡	**烤箱温度**	170℃中层烤 20 分钟左右

△	**准备工作**	1. 各种材料称量好,分量精准。
		2. 低筋面粉过筛备用。
		3. 鸡蛋液回温到室温。
		4. 在饼干面糊制作好后要将烤箱提前预热。
		5. 黄油室温(约 20℃)下软化。
		6. 蔓越莓干需要泡朗姆酒备用,并切成碎粒。

🥄 **做　法**

1. 黄油软化后加入盐和细砂糖。
2. 低筋面粉过筛备用。
3. 黄油用电动打蛋器打发。
4. 再分次加入蛋液,每次都要打发均匀后再加下一次,这样不容易油水分离。
5. 将蛋液全部加入后,打发好。
6. 再倒入低筋面粉。
7. 然后翻拌均匀。
8. 再倒入切碎的蔓越莓干。
9. 然后翻拌成团。
10. 用保鲜袋装好,冰箱冷藏室冷藏 30 分钟。
11. 取出后再分成 9 克左右的小剂子。
12. 然后分别揉成圆形,烤箱 170℃预热,中层烤 20 分钟左右,关火后放烤箱内至完全冷却后取出。

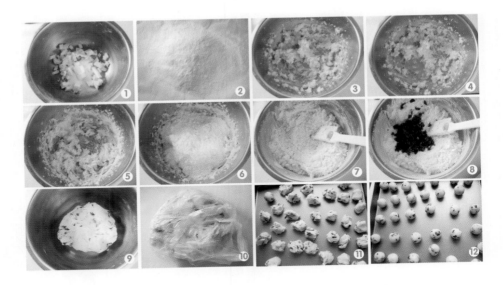

飞雪有话说

1. 室温较低的时候,黄油不易软化,可以在微波炉解冻十几秒,或是用电吹风吹软。
2. 放冰箱冷藏后的面团会比较硬,用手多捏几次就会软了,就容易整形了。
3. 因为小饼干是圆形的,内部要想烤熟,温度需低一些,时间需长一点,最后放烤箱内再用余温烤制。

柠檬饼干

柠檬味道的饼干,喜欢柠檬的人一定不要错过了。因为这个配方中加了一些小苏打,所以吃起来更香酥。

原　　料	黄油 65 克,细砂糖 40 克,柠檬皮屑 4 克,鸡蛋液 25 克,柠檬汁 5 克,低筋面粉 100 克,小苏打 1 克	
分　　量	约 38 块	
烤箱温度	180℃中层烤 18 分钟左右	

准备工作

1. 各种材料称量好,分量精准。
2. 低筋面粉加入小苏打过筛备用。
3. 鸡蛋液回温到室温。
4. 在饼干面糊制作好后要将烤箱提前预热。
5. 黄油室温(约 20℃)下软化。
6. 柠檬刨皮屑并取柠檬汁使用。

做　　法

1. 软化的黄油放入容器中先打散,再加入细砂糖打发。

黄油要先软化到 20℃才容易打发。打发黄油的容器要无水无油。为了防止加入糖粉后黄油飞出来,可以先用手动打蛋器将黄油和糖粉混合均匀。

2. 分 4 次加入蛋液,每次都要打发均匀后再加下一次。

蛋液温度在 20℃左右,还要分次加入,这样才不会油水分离。

3. 再加入柠檬皮屑。
4. 挤入柠檬汁,打发成羽毛状。
5. 再加入过筛后面粉和苏打粉的混合物。
6. 翻拌均匀。
7. 放入有中号樱花花嘴的裱花袋中挤出形状。烤箱 180℃预热,中层烤 18 分钟左右。

飞雪有话说

1. 面粉一定要过筛,因为低筋面粉容易结团,过筛后会很细腻。
2. 花嘴装入花袋中,花袋前端剪一个小口子,让花嘴露出齿就可以了。然后装入面糊,挤出花形。尽量用不容易挤破的布花袋。

 # 牛奶蔓越莓曲奇

这款饼干不同于其他饼干之处在于用了一半量的植物油,可以让挤花更容易,但同时也考验打发黄油的水平,加入植物油后,可一定要打蓬松才行,否则也不容易酥哦。

原　料　黄油 65 克,植物油 65 克,牛奶 50 克,低筋面粉 200 克,糖粉 60 克,蔓越莓 50 克

分　量　约 46 块

烤箱温度　175℃中层烤 20 分钟左右

准备工作

1. 各种材料称量好,分量精准。
2. 低筋面粉过筛备用。
3. 植物油和牛奶回温到室温。
4. 在饼干面糊制作好后要将烤箱提前预热。
5. 黄油室温(约 20℃)下软化。
6. 蔓越莓切碎备用。

做　法

1. 低筋面粉过筛。
2. 蔓越莓切成碎粒。
3. 软化后的黄油加入糖粉。
4. 然后打发。
5. 再分次加入植物油打发。
每次都要打发至植物油被黄油充分吸收后再加下一次。
6. 接着分次加入牛奶搅拌均匀。
每次都要打发至牛奶被黄油充分吸收再加下一次。

7. 倒入过筛后的低筋面粉。
8. 翻拌均匀。
9. 再倒入蔓越莓粒。
10. 混合均匀。
11. 装入裱花袋中,用花嘴挤成花形,烤箱 175℃预热,中层,烤上色即可。
大约 20 分钟左右。如果烤 15 分钟后发现内层颜色稍深,可以将烤盘对调一下,这样才会上色均匀。

 飞雪有话说 [曲奇挤花注意点]

　　因为各种曲奇配方不同,所以面糊会有硬有稀。如果面糊太硬,挤出来就相当费劲。所以液性材料,比如黄油加鸡蛋或牛奶的重量,要基本等于面粉,这样做出来的面糊才好挤。但也不能液体材料太多,大大超过了面粉,就不容易挤出花来,而且烤的时候会塌的。

　　在挤曲奇的时候,还要关注一下要点:

❶ 时刻关注温度

　　你要考虑,黄油是不是已经软化,温度是不是达到了20℃。特别是冬天温度比较低的时候,黄油如果温度太低,肯定是不太好打的,而且容易粘在打蛋器头上,只有当黄油的温度达到了20℃左右才容易打发。而且同时你也要保持这个温度,如果在打发的过程中黄油越打越硬,也不容易挤花。

　　即使是黄油已经打发好,你也要考虑其他液体材料的温度。其他液体材料的温度,决定面糊的硬度。因为大家知道,黄油在温度低的时候会变硬的,而黄油一旦变硬,就会挤不出来,所以其他液体材料也要保持在20℃左右。如果冬天在挤曲奇过程中发现很难挤出,请检查是不是操作过程中温度过低导致黄油变硬而无法挤出。

❷ 挤花的方式要注意

　　在挤的时候,一定要一气呵成,不要拖拖拉拉。保证你挤花的流畅性,也是挤出好看花形的关键一步。对于新手,还是备一个布的花袋,不会因为面糊过硬而挤破花袋。而老手,只要制作软硬适度的面糊,就可以用塑料裱花袋来挤曲奇。

❸ 使用糖粉有助于成形

　　要想做出成形的曲奇,最好用糖粉来代替白糖。因为糖粉中有淀粉,可以帮助成型。

菊花曲奇

这款曲奇长得像花朵一样,加上花蕊,挤出来特别美观漂亮。

材　料	黄油 75 克,鸡蛋液 20 克,低筋面粉 70 克,可可粉 15 克,糖粉 40 克	

分　量　约 20 块

烤箱温度　180℃中层烤 18 分钟左右

准备工作

1. 各种材料称量好,分量精准。
2. 低筋面粉加入可可粉过筛备用。
3. 鸡蛋液回温到室温。
4. 在饼干面糊制作好后要将烤箱提前预热。
5. 黄油室温(约 20℃)下软化。

做　法

1. 将低筋面粉加入可可粉过筛。
2. 黄油切成小块,软化至 20℃。
3. 在黄油中加入糖粉。
4. 用电动打蛋器打至乳膏状。
5. 然后分次加入室温 20℃的蛋液并打发好。
   分三次加,每次都要打发均匀后再加下一次。
6. 加入混合过筛好的低筋面粉和可可粉。
7. 翻拌均匀,注意不要出筋,用刮刀自下而上翻拌即可。
8. 选择一个花嘴,装入花袋中,将面糊也装入花袋并且挤出花形。
   挤花的时候一定要集中注意力,不要走神哦!
9. 表面用原味的面糊装饰,也可以不用。
10. 烤箱 180℃预热,中层,烤 18 分钟左右。

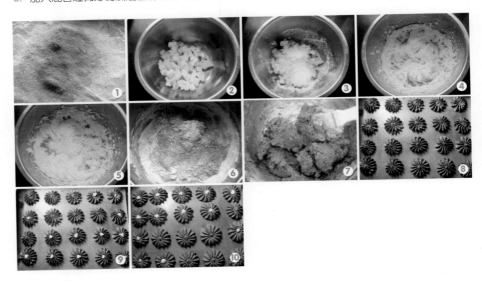

砂糖饼干

很特别的一款饼干,表面砂糖经过烘焙,立即产生一种脆脆的口感。

🥘	**原　　料**	低筋面粉 125 克,黄油 75 克,牛奶 15 克,细砂糖 12 克,盐 0.5 克
🥘	**装饰材料**	装饰用粗砂糖 35 克
🍥	**分　　量**	约 48 块
🌡	**烤箱温度**	175℃中层烤 22 分钟

△ **准备工作**

1. 各种材料称量好,分量精准。
2. 低筋面粉过筛备用。
3. 牛奶回温到室温。
4. 在饼干面糊制作好后要将烤箱提前预热。
5. 黄油室温(约 20℃)下软化。
6. 制作好的面团需要放冰箱冷藏 30 分钟左右。

🥄 **做　　法**

1. 黄油切小块,软化后加入细砂糖和盐。
2. 用电动打蛋器打发。
3. 分次加入牛奶。

每次都要待牛奶被充分吸收后再加下一次。

4. 低筋面粉提前过筛。
5. 将面粉倒入打发的黄油中。
6. 然后混合均匀,放保鲜袋中,放冰箱冷藏 30 分钟。

冷藏一下,面团会变硬更容易操作。

7. 到时间后,将面团从保鲜袋中取出搓成长条。
8. 表面刷水,粘上粗砂糖。

刷点水比较容易粘砂糖,水量要少,不要多。

9. 放冰箱冷冻 20 分钟左右,切 0.4 厘米厚的薄片。
10. 烤箱175℃预热,中层烤 22 分钟左右。

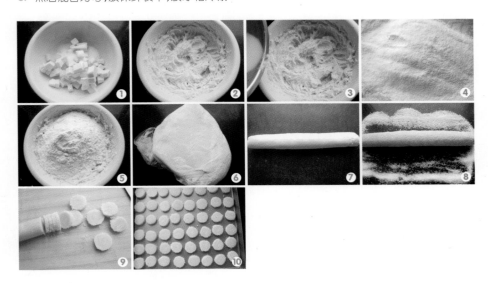

手指饼干

原　　料	鸡蛋 2 个,绵白糖 40 克,低筋面粉 80 克	
表面装饰	糖霜少许	
分　　量	约 26 块(家用烤盘需要分两烤盘烤)	
烤箱温度	175℃中层烤 15 分钟左右	

准备工作

1. 各种材料称量好,分量精准。
2. 低筋面粉过筛备用。
3. 鸡蛋回温到室温。
4. 在饼干面糊制作好后要将烤箱提前预热。

做　　法

1. 将鸡蛋的蛋白和蛋黄分开,蛋白放入无油无水的容器中,蛋黄放入另一个容器中。
2. 蛋黄加 10 克绵白糖搅拌均匀。
3. 蛋白分 3 次加入 30 克绵白糖打至硬性发泡,即呈倒三角状,打蛋盆能够倒扣不倒的程度。
4. 将少许蛋白倒入蛋黄中,翻拌均匀。
5. 再将蛋黄糊倒入蛋白中。
6. 翻拌均匀后倒入过筛后的低筋面粉。
7. 翻拌均匀。
8. 装入有圆口花嘴的花袋中,挤出手指形状。
一定要用硅胶垫或油布,可以防粘。
9. 再往上面分两次撒上糖粉,放入预热好的烤箱中进行烘烤。175℃中层烤 15 分钟左右。
撒上糖粉可以让手指饼干表皮更酥脆。做好的手指饼干可以用来直接吃,也可以用来做提拉米苏甜点。

双色曲奇

🥣	**白色原料**	黄油 60 克,鸡蛋液 8 克,糖粉 35 克,低筋面粉 100 克
🥣	**黑色原料**	黄油 60 克,鸡蛋液 8 克,低筋面粉 85 克,可可粉 15 克,糖粉 35 克
🍮	**分　　量**	约 28 块
🌡	**烤箱温度**	175℃中层烤 20 分钟左右
⚠	**准备工作**	

1. 各种材料称量好,分量精准。

2. 白色原料中低筋面粉过筛备用;黑色原料中,低筋面粉加入可可粉过筛备用。

3. 鸡蛋液回温到室温。

4. 在饼干面糊制作好后要将烤箱提前预热。

5. 黄油室温(约 20℃)下软化。

🥢 **做　　法**

1. 白色原料中黄油切成小块,软化至 20℃。

2. 加入糖粉用打蛋器打发。
糖粉先和黄油混合均匀,再打发。

3. 然后加入鸡蛋液。

4. 再用打蛋器打发。因为这次做的是冷藏饼干,所以不用打太发。不然烤时会膨胀。

5. 面粉需要提前过筛,过筛后就没有小颗粒啦。

6. 将面粉倒入黄油中。

7. 然后按压式混合均匀。

8. 将制作好的面团装入小号保鲜袋中。

9. 用擀面棍擀平,放冰箱冷藏至硬。然后制作可可面团,操作步骤同上,不同的是将黑色原料中的可可粉和低筋面粉过筛即可。

10. 取出面团,去掉保鲜膜。接着用饼干模具,大的是菊花饼干模,小的是星星饼干模。组合成双色曲奇。星星的用黑色的面片压出形状,放在图中的空洞中。烤箱 175℃预热,中层烤 20 分钟左右。当然也可以将菊花饼干模压黑色面团,星星饼干模压原味面团。

桃酥饼

这款桃酥真能称得上真正的桃酥,无论口感,还是外形都很正宗。而且在制作上更是用中式点心的做法,没有使用到打蛋器。很多朋友问我如果仅有一台烤箱能做什么? 那么我推荐这款。很酥,很好吃。

原　　料	中筋面粉 300 克,绵白糖 120 克,猪油 150 克,植物油 25 克,鸡蛋液 25 克,小苏打 2 克	
分　　量	约 20 块	
烤箱温度	180℃中层烤 20 分钟左右	

准备工作

1. 各种材料称量好,分量精准。
2. 中筋面粉加入小苏打过筛备用。
3. 鸡蛋液回温到室温。
4. 在饼干面糊制作好后要将烤箱提前预热。
5. 猪油室温(约 20℃)下软化。

做　　法

1. 准备材料。将猪油和绵白糖用手掌根充分擦透。
2. 分次加入鸡蛋液充分擦透。
   每次都要待蛋液被完全吸收后再加入下一次。
3. 分次加入植物油。
   每次都要拌至植物油被完全吸收再加下一次。
4. 加入面粉和小苏打粉的混合物。
5. 自下而上将面粉与猪油蛋液搅拌好,不要出筋。
6. 分成小份,用手搓成圆形。
7. 放入烤盘中,用两个手指压平,烤箱预热后,180℃中层烤 20 分钟左右。
8. 出炉后的桃酥饼。

飞雪有话说

1. 苏打粉的量不能多,一点点就行,不然会苦。
2. 猪油和白糖要充分揉好,这样才会酥。

杏仁酥饼 1

这是一款表面夹着杏仁片的饼干,酥饼上的杏仁片用蛋液粘上,是用来表面装饰的好办法。

🥘 **原　　料**	低筋面粉 200 克,糖粉 80 克,盐 1 克,黄油 100 克,鸡蛋 25 克	
🥘 **表面装饰**	蛋液少量,杏仁片 30 克左右	
🫗 **分　　量**	约 18 块	
🌡 **烤箱温度**	175℃中层烤 20 分钟左右	

⚠ **准备工作**

1. 各种材料称量好,分量精准。
2. 低筋面粉过筛备用。
3. 鸡蛋液回温到室温。
4. 在饼干面糊制作好后要将烤箱提前预热。
5. 黄油室温(约 20℃)下软化。

🥄 **做　　法**

1. 将低筋面粉倒入筛子中。
2. 过筛备用。
3. 黄油切小块,室温软化。如图,手轻轻按上去有小洞。
4. 加入糖粉和盐,先手动打蛋器搅拌均匀。
可以用打蛋器先手动搅拌几下,防止糖粉飞溅。
5. 再用电动打蛋器打发。
注意打蛋头上是不怎么堆积黄油的。如果堆积严重,则应该检查是不是黄油还没有充分软化。

6. 分次加入蛋液打发。
每次都要打发均匀后再加下一次。
7. 最后打发好的样子。
8. 再将过筛好的面粉倒入黄油糊中。
9. 翻拌均匀,放入保鲜袋中,冷藏 30 分钟。
10. 取出再擀成长方形。有保鲜袋整形,会比较方便。
11. 撕掉保鲜袋,按压出形状。
12. 表面刷上蛋液,粘上杏仁片,烤箱 175℃预热,中层烤 20 分钟左右。

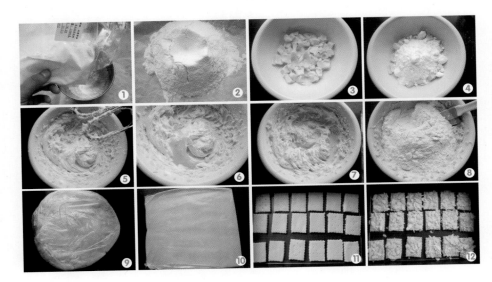

杏仁酥饼 2

虽然这也是一款杏仁酥饼,但和上一篇的杏仁酥饼完全不一样,配料不一样,形状不一样,连表面装饰的效果也不一样。而且这款用的是猪油,买不到黄油的朋友们可以尝试一下哦。

原　　料	猪油50克,鸡蛋液20克,绵白糖50克,低筋面粉100克,泡打粉0.6克,小苏打1克,杏仁粉20克	
装　　饰	杏仁片少许,蛋液少许	
分　　量	约8块	
烤箱温度	180℃中层烤18分钟左右	

准备工作

1. 各种材料称量好,分量精准。
2. 低筋面粉加泡打粉,小苏打过筛备用。
3. 鸡蛋液回温到室温。
4. 在饼干面糊制作好后要将烤箱提前预热。
5. 猪油室温(约20℃)下软化。

做　　法

1. 猪油室温下软化加入白糖。
2. 用电动打蛋器打发。
3. 再分次加入鸡蛋液打发。
每次都要打发均匀后再加下一次。
4. 低筋面粉、泡打粉、小苏打需要提前混合过筛。
5. 然后将粉类倒入猪油中。
6. 再倒入杏仁粉。
7. 揉成团,分成8份。
8. 在表面刷蛋液,粘杏仁片,放入预热180℃的烤箱中层烤18分钟左右。

飞雪有话说

1. 猪油软化至20℃最佳。
2. 杏仁粉也可以用核桃代替,那做出来的就是核桃酥。

 芝麻方块酥

表皮沾上许多芝麻，层次之间红糖味道明显。这样做出来的方块酥，香味就更足了。

🥄	**油皮原料**	中筋面粉 100 克,泡打粉 2 克,水 55 克,黄油 5 克,盐 1 克,绵白糖 10 克
🥄	**油酥原料**	中筋面粉 180 克,红糖 70 克,黄油 75 克,植物油 25 克
🥫	**分　　量**	6 厘米×6 厘米 16 块左右
🌡	**烤箱温度**	175℃中层烤 20 分钟左右

🔔 **准备工作**

1. 各种材料称量好,分量精准。
2. 制作油皮的中筋面粉加泡打粉过筛备用,制作油酥的中筋面粉过筛备用。
3. 在饼干面糊制作好后要将烤箱提前预热。
4. 黄油室温(约 20℃)下软化。

🥄 **做　　法**

1. 油皮原料混合成团,静置 30 分钟。
2. 油酥材料倒入容器中。
3. 然后将油酥材料用手捏成沙状。
4. 将油皮材料擀成长方形薄片。
5. 将油酥材料倒入面片上。
6. 将三分之一的面片向上折。
7. 再将对面三分之一的面片向下折。
8. 擀成长方形,盖保鲜膜静置 15 分钟。
9. 再擀长,左右向中间折,总共是两次三折。
10. 再一次擀成长方形。
11. 然后用刀切成 6 厘米见方的方块。
12. 面团表面抹水,撒上芝麻,并用擀面棍将芝麻往下压实。
13. 烤箱 175℃预热,中层,将面片翻面,让有芝麻的一面向下,烤 10 分钟。这样芝麻烤过后不容易掉。
14. 再将面片翻至芝麻面向上,烤 10 分钟左右即可。
15. 烤好的方块酥口感非常酥脆。

芝麻酥条

芝麻酥条用的是千层酥皮面团,千层酥皮的油和面皮在烘烤的过程中会相互作用,烤好后会起很多层次,层层分明,口感酥脆。

🥄 **原　　料**	中筋面粉 250 克,水 120 克,液体黄油 10 克,盐 5 克,叠被子用片状黄油 125 克	
🥄 **抹　　料**	黑芝麻少许,蛋液少许,砂糖少许	
🥫 **分　　量**	约 100 根	
🌡 **烤箱温度**	185℃中层烤 15 分钟左右	

△ **准备工作**

1. 各种材料称量好,分量精准。
2. 中筋面粉过筛备用。
3. 鸡蛋打散制作成蛋液备用。
4. 在饼干面糊制作好后要将烤箱提前预热。
5. 黄油 10 克加热成液体,叠被子用黄油放冰箱冷藏。
6. 黑芝麻烤熟备用。

🥄 **做　　法**

1. 原料中的面粉加水、液体黄油、盐混合成团,醒 20 分钟。

2. 叠被子用片状黄油敲打成方形薄片。手能轻松弯曲黄油片。

3. 将面团擀薄,包入片状黄油。

4. 包好后,擀成长方形。将上下面皮向中间折叠后用保鲜膜包好,放入冰箱冷藏 15 分钟。

5. 15 分钟后取出,转 90 度,再次擀长并折叠。用保鲜膜包好,冷藏 15 分钟。然后再转 90 度,擀长折叠并冷藏 15 分钟即成千层酥皮。

6. 取千层酥皮一张,取出擀成长方形面片,厚度约 0.3 毫米。

7. 然后在表面刷上蛋液。

8. 再撒上白砂糖和黑芝麻,黑芝麻可事先烤熟。

9. 然后用擀面棍压平,压紧。

10. 切成宽 1.5 厘米、长 15 厘米的长条。

11. 然后弯曲放入烤盘中,为防止不成形,可以两头按紧在烤盘上,过 15 分钟后再开烤箱 210℃预热,中层烤 20 分钟左右。

如果不等 15 分钟再烤,形状可能会不够美观。

小桃酥

这款饼干是非常常见的中式点心。其中的黄油可以用猪油来代替,也可以用植物油,但这三种油做出来的效果也有所不同。

🥣 **原　　料**　黄油 30 克,植物油 30 克,低筋面粉 100 克,小苏打 1.5 克,糖粉 35 克

🗄 **分　　量**　13 块

🌡 **烤箱温度**　180℃中层烤 15 分钟左右

△ **准备工作**

1. 各种材料称量好,分量精准。

2. 低筋面粉加小苏打过筛备用。

3. 在饼干面糊制作好后要将烤箱提前预热。

4. 黄油室温(约 20℃)下软化。

🥄 **做　　法**

1. 低筋面粉加入小苏打过筛。

2. 黄油切成小块。

3. 软化后加入糖粉打发至蓬松,然后再分次加入植物油打至发白。

每次都要打至植物油被充分吸收再加下一次。

4. 黄油中加入粉类按压成面团。

5. 分成 13 份,做成圆形,中间用筷子扎一个小眼。

6. 烤箱 180℃预热,中层,烤至上色即可。

 Part 6
营养健康的坚果饼干

每口下去,既有坚果的香,又有饼干的酥,这就是坚果饼干,是坚果和饼干最美妙的结合。市面上各式各样的坚果,只要你喜欢都可以加进去。赶紧照着本书的方子举一反三,相信你会做得比我还要好。

 # 核桃酥

这里面可是有大量的核桃,相当好吃。

🥣 **材 料 1**   黄油 40 克,糖粉 20 克,鸡蛋液 20 克

🥣 **材 料 2**   植物油 20 克,绵白糖 18 克,核桃仁 40 克

🥣 **材 料 3**   低筋面粉 100 克,小苏打 1 克

🍘 **分 量**   11 块

🌡 **烤箱温度**   180℃中层烤 18 分钟左右

△ **准备工作**

1. 各种材料称量好,分量精准。
2. 低筋面粉加入小苏打过筛备用。
3. 植物油和鸡蛋液回温到室温。
4. 在饼干面糊制作好后要将烤箱提前预热。
5. 黄油室温(约 20℃)下软化。
6. 核桃仁要先放烤箱内烤熟并切碎。

 做 法

1. 核桃 150℃中层预热后,烤 8 分钟。
2. 材料 1 中黄油切成小块,20℃室温下软化后加入糖粉打发,再分次加入鸡蛋打发均匀。

每次加入蛋液后都要打发均匀。

3. 将材料 3 过筛。
4. 然后将材料 3 的粉类加入步骤 2 的黄油中。
5. 将材料 2 混合均匀,注意核桃应切碎。
6. 然后将所有材料混合。
7. 按压式混合均匀了。

所谓按压式就是像叠衣服一样,先折一下,再折一下,依次累积起来。

8. 然后分成 11 份,摊成圆饼形,上面用叉子按压出纹路。烤箱 180℃预热中层,烤 18 分钟左右。

 # 花生曲奇

用花生粉做的饼干,会有股花生的浓香。如果想更健康点,可以用不去皮打的花生粉。就像图片中一样夹杂着星星点点的花生皮屑,会更有滋味。

🥄 **原　料**　低筋面粉 70 克,花生粉 30 克,盐 0.2 克,黄油 60 克,鸡蛋液 30 克,糖粉 30 克

🍪 **分　量**　约 20 块

🌡 **烤箱温度**　175℃中层烤 20 分钟左右

△ **准备工作**

1. 各种材料称量好,分量精准。
2. 低筋面粉过筛备用。
3. 鸡蛋液回温到室温。
4. 在饼干面糊制作好后要将烤箱提前预热。
5. 黄油室温(约 20℃)下软化。

🥄 **做　法**

1. 黄油加入糖粉和盐放入无油无水的容器中。
2. 用打蛋器打发。
3. 然后再分次加入鸡蛋液。

每次加入后都要打发均匀再加下一次。

4. 打发好的样子。
5. 倒入花生粉和过筛后的低筋面粉。
6. 翻拌均匀。
7. 装入裱花袋中,挤出花形,烤箱 175℃预热,中层,烤 20 分钟左右。

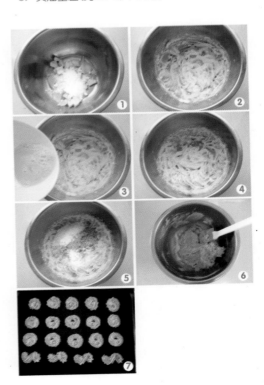

黑芝麻方块饼干

有些朋友喜欢饼干里不要放黄油,所以这里给大家介绍一款用植物油做的饼干,擀得薄薄的,一口下去,又酥又脆又香。

原　料	低筋面粉 100 克,泡打粉 1 克,水 28 克,植物油 25 克,绵白糖 30 克,盐 2 克	
表面装饰	芝麻少许,表面蛋白少许	
分　量	约 26 块	
烤箱温度	175℃中层 20 分钟左右	

准备工作

1. 各种材料称量好,分量精准。
2. 低筋面粉和泡打粉过筛备用。
3. 植物油和牛奶回温到室温。
4. 在饼干面糊制作好后要将烤箱提前预热。
5. 芝麻不用烤熟。

做　法

1. 低筋面粉泡打粉混合过筛,倒入容器中。
2. 再加入除芝麻外的其他原料。
3. 然后混合成团,静置 15 分钟。
   放一会儿是为了接下来更好操作。
4. 然后将面团擀平,擀成 0.2 厘米的厚度。
5. 再刷上蛋白。
6. 粘上芝麻,正反面都要粘。
7. 用擀面杖压实。
8. 用饼干模压出形状。
9. 放入烤盘上,烤箱 175℃预热,中层,烤 18 分钟左右。烤好后的饼干又酥又脆又香,非常好吃。

咖啡杏仁饼干

喜欢喝咖啡的朋友不要错过了。这款饼干特别添加了咖啡液,所以吃起来会有股咖啡香哦。

原　　料	黄油 70 克,鸡蛋液 15 克,细砂糖 30 克,盐 1 克,低筋面粉 100 克,浓咖啡液 10 克,杏仁碎 50 克	
分　　量	约 20 块	
烤箱温度	175℃中层烤 20 分钟左右	

准备工作

1. 各种材料称量好,分量精准。
2. 低筋面粉过筛备用。
3. 鸡蛋液回温到室温。
4. 在饼干面糊制作好后要将烤箱提前预热。
5. 黄油室温(约 20℃)下软化。
6. 杏仁烤熟并切碎。

做　　法

1. 黄油室温下软化,加入细砂糖和盐打发。
2. 再加入鸡蛋液打发。
3. 然后加入浓咖啡液。
4. 搅拌均匀。
5. 倒入过筛后的低筋面粉。
6. 再翻拌均匀。
7. 加入切碎的杏仁粒。
   杏仁用烤熟的杏仁。杏仁粒请尽可能切得碎一点,这样后面会比较好切。
8. 然后装入保鲜袋整形成长方体,放冰箱冷冻室冻硬。取出后,拿掉保鲜袋切成厚约 0.8 厘米的面片,放入预热 175℃的烤箱,中层,烤至上色即可。
   面团整形,可以用保鲜膜的盒子。

 # 开心果黄油饼干

黄油饼干有着浓浓的香味,开心果本身相当好吃,一块饼干里加了这么多开心果,口感更佳。

🥘	**原　　料**	黄油 100 克,蛋黄 1 个,低筋面粉 150 克,开心果 75 克,盐 1 克,细砂糖 45 克
🫙	**分　　量**	5 厘米×5 厘米方块约 20 块
🌡	**烤箱温度**	180℃中层烤 15 分钟左右

△ **准备工作**

1. 各种材料称量好,分量精准。

2. 低筋面粉过筛备用。

3. 蛋黄、蛋白分开,放在两个碗内,留蛋黄备用,蛋白他用(可以用来做天使蛋糕或蛋白饼干等),蛋黄回温到室温。

4. 在饼干面糊制作好后要将烤箱提前预热。

5. 黄油室温(约 20℃)下软化。

6. 开心果去壳后,切碎。

🥄 **做　　法**

1. 黄油切成小块室温下软化至轻按下容易按动。

2. 然后加入细砂糖和盐。

3. 用电动打蛋器打发。

4. 再加入一个蛋黄。
蛋黄可一次性加入。

5. 继续打发好。

6. 低筋面粉提前过筛好。

7. 然后倒入黄油中。

8. 翻拌均匀。

9. 倒入切碎的开心果。

10. 混合均匀。

11. 然后用保鲜膜包好,整形成长方形,放冰箱冷藏室冷藏。

12. 约一个小时左右变硬取出。

13. 室温下放置稍软,拿掉保鲜膜后,切片,厚度约 0.5 厘米。
因为里面有果仁,如果太硬的话,面片容易切碎。

14. 然后放入烤盘中。烤箱 180℃预热,中层,烤 15 分钟左右。

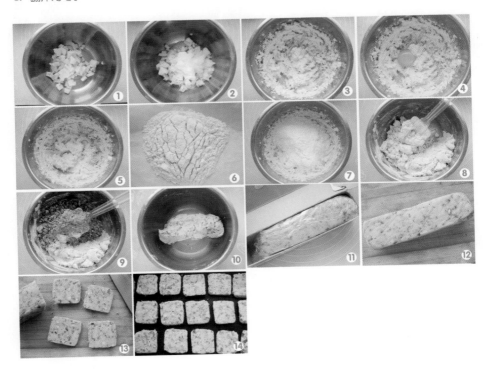

 # 可可核桃饼干

可可粉和核桃是绝配，用这两种食材来做饼干，味道错不了，相信你一定会爱上它！

🥘	**原　　料**	低筋面粉 95 克,可可粉 10 克,细砂糖 50 克,黄油 70 克,鸡蛋液 35 克,核桃粉 30 克,核桃仁 30 克
🫙	**分　　量**	约 20 块
🌡	**烤箱温度**	175℃烤 20 分钟左右

△ **准备工作**

1. 各种材料称量好,分量精准。

2. 低筋面粉和可可粉过筛备用。鸡蛋液回温到室温。

3. 在饼干面糊制作好后要将烤箱提前预热。

4. 黄油室温(约 20℃)下软化。

5. 核桃仁提前用烤箱 150℃烤 8 分钟并切碎。

🥄 **做　　法**

1. 黄油切成小块室温下软化,加入细砂糖。

2. 用电动打蛋器打发。

3. 再分次加入蛋液。
每次加入后都要打发均匀再加下一次。

4. 蛋液全部加完后打发好的样子。

5. 可可粉和低筋面粉混合过筛。

6. 然后倒入打发好的黄油中。

7. 再倒入烤好的切碎的核桃。

8. 再倒入核桃粉,如果没有核桃粉可以用低筋面粉代替。

9. 然后混合成团。

10. 放入保鲜袋中,静置 10 分钟。

11. 再整形成长方体,放冰箱冷藏至硬。

12. 然后取出,拿掉保鲜膜,切片,烤箱 175℃预热中层烤 20 分钟左右。烤好后,烤箱门先不要开,至凉后再取出饼干。

 # 巧克力杏仁条干

这款饼干，杏仁片均匀地添加在饼干里，而表面又有诱惑性的巧克力，吃起来口感太棒了。

🍳	**原　　料**	黄油 50 克,糖粉 40 克,鸡蛋液 24 克,杏仁片 25 克,低筋面粉 100 克,黑白巧克力各 10 克
🥫	**分　　量**	约 36 块
🌡	**烤箱温度**	175℃烤 20 分钟左右

△ **准备工作**

1. 各种材料称量好,分量精准。
2. 低筋面粉过筛备用。
3. 鸡蛋液回温到室温。
4. 在饼干面糊制作好后要将烤箱提前预热。
5. 黄油室温(约 20℃)下软化。
6. 黑白巧克力要先预处理(见第 24 页)。

🥢 **做　　法**

1. 黄油室温下软化。
2. 加入糖粉打发。
3. 再分次加入鸡蛋打发。
每次加入后都要打发均匀再加下一次。
4. 打发好的样子。
5. 低筋面粉过筛。
6. 将过筛后的面粉倒入黄油中。
7. 自下而上翻拌均匀。
8. 再倒入杏仁片翻拌均匀。
9. 然后将饼干面糊倒入保鲜袋中。

10. 用擀面杖压成 0.5 厘米厚的长方形。
饼干面团尽可能压薄,放入冰箱冷藏前要用尺子量一下比较好。
11. 放冰箱冷藏至硬。
12. 将面团从保鲜袋中取出,切成长条。
13. 切好的样子。
14. 切好的长条放入有油布的烤盘中,烤箱 175℃预热,中层,烤 20 分钟左右即可。
15. 黑巧克力和白巧克力分别切成碎片装入裱花袋中隔温水融化。
16. 然后将花袋剪出小口子,挤在饼干条上即可。
挤上的巧克力花纹根据个人喜好可以随意变化。

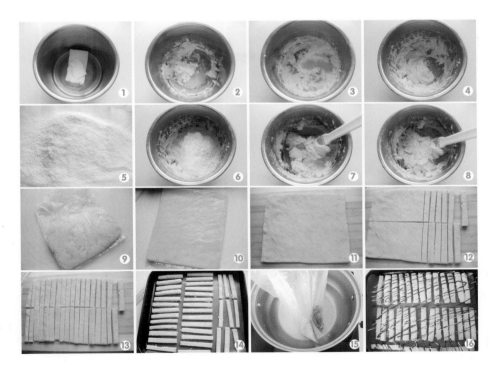

 # 杏仁曲奇

我记得第一次接触曲奇饼干，还是很多年前的事了。当时一罐 400 克的曲奇收了我二十多元，我想，这得有多好吃啊，这么贵！后来事实证明，物有所值，真的相当酥脆！但后来我再也没买过这么贵的曲奇！自从我学了烘焙之后，对超市的曲奇更是不再关注了。自己想吃什么，用些面粉和黄油就能搞定，如果还想吃些坚果，加些就是了。

🥣 原 料	低筋面粉 100 克，糖粉 40 克，杏仁粉 50 克，盐 0.5 克，黄油 105 克
🗄 分 量	约 55 块
🌡 烤箱温度	175℃中层烤 20 分钟左右

⚠ 准备工作

1. 各种材料称量好，分量精准。

2. 低筋面粉过筛备用。

3. 在饼干面糊制作好后要将烤箱提前预热。

4. 黄油室温（约 20℃）下软化。

🥄 做 法

1. 杏仁粉和低筋面粉混合过筛。

杏仁粉如果颗粒比较大，可以用搅拌机搅拌至粉末，或者用大一点的筛子过筛，当然也可以不过筛。

2. 黄油在室温下软化，倒入糖粉和盐。

3. 用打蛋器打发至蓬松。

因为黄油和糖粉容易飞溅，所以刚开始的时候，可以先用手动打蛋器搅拌均匀再打发。

4. 倒入步骤 1 的粉类。

5. 翻拌均匀。

只要翻拌至没有生面粉就可以了，不要过度翻拌。想要饼干酥，一定不能起筋，所以面团不光滑是正常的。

6. 用挤花袋挤出花形。烤箱 175℃预热，中层，烤 20 分钟左右。

这里我没用油布，因为这款饼干的含油量很大，不会粘烤盘。如果你用的不是这种配方，而是一些薄脆饼之类的，一定要用油布。如果你不能确定哪款饼干用油布，那么我建议还是全部用油布好了。

飞雪有话说

1. 饼干的配方和其口感有很大关系。如果你用的黄油量大，那么饼干肯定就会很酥脆。黄油量和面粉量比例为 1：1 时最酥脆。

2. 为什么饼干要用到低筋面粉？这是因为低筋面粉的筋度低，不容易起筋，才容易酥。玛格丽特饼干为什么一碰就碎，也是因为当中加了起酥的蛋黄和无筋度的玉米淀粉。

3. 此款饼干中加了杏仁粉，而杏仁粉无筋度可言，既增加了杏仁的口感，又降低了饼干的筋度。再加上大量黄油的加盟，才会酥上加酥。

4. 饼干烤至边缘有些黄色才算是烤好了，而且边缘有黄色也是正常的。

5. 烤好的饼干，刚从烤箱取出来的时候会很软，这时不要碰它，过一会儿硬了就能轻松取出来了。有人问我饼干有时为什么不脆，那可能是因为饼干比较厚，没有烤好，或是边缘还没有变成黄色。做饼干特别是指形饼干，一定要等颜色到位了再关掉烤箱，至烤箱凉了后再取出来，这样饼干才会酥脆。

 # 腰果酥饼

从外表看这款饼干好像很普通，其实每个里面都有一个大大的腰果，真是深藏不露啊。

🥣 **原　　料**　鸡蛋液 17 克，黄油 35 克、低筋面粉 75 克，糖粉 22 克，盐 0.1 克，腰果 27 个

🍘 **分　　量**　约 27 个

🌡 **烤箱温度**　175℃烤 18～20 分钟

△ **准备工作**

1. 各种材料称量好，分量精准。
2. 低筋面粉过筛备用。
3. 鸡蛋液回温到室温。
4. 在饼干面糊制作好后要将烤箱提前预热。
5. 黄油室温(约 20℃)下软化。
6. 腰果需要提前烤熟。

🥄 **做　　法**

1. 黄油切小块，软化后加入糖粉和盐。
2. 黄油要软化。
我用的是电吹风，你也可以用微波炉。冬天会比较难软化，所以要加热一下。但温度不要太高，不然会化掉。
3. 然后用电动打蛋器打至发白。
4. 蛋液也要提前处理，隔温水放着。这样温度才不会过低。
5. 然后分次把蛋液加入打发的黄油中。
每次加入都要打发均匀后再加下一次。
6. 打成羽毛状，因为我做的是夹馅小饼干，所以打发的力度不用太过。

7. 低筋面粉过筛。
8. 倒入黄油中。
9. 然后翻拌均匀。
10. 盖上保鲜膜放冰箱冷藏室 30 分钟。
11. 腰果 150℃烤箱预热，中层烤 8 分钟左右。
12. 然后将面团分小块，大约 6 克一份，按扁。
13. 放上腰果。
14. 收口，捏成元宝形。
15. 排入烤盘中。烤箱175℃预热，中层烤 18 分钟左右，取出就倒入糖粉(分量外)中，让表面全部是一层糖粉，然后挑出腰果酥即可。

飞雪有话说

　　冬天制作饼干,主要是打发黄油困难。打发黄油,一般我用两个办法,一个是放微波炉里转软一点,或者用电吹风吹软一点。但要注意,千万不要过了,这样会使黄油融化,那效果就不一样了。

🎴 雪球

所谓雪球,就是饼干做成球状,在表面撒上糖粉,看起来就像雪球。

🥘 **原　　料**　黄油 80 克,低筋面粉 120 克,绵白糖 20 克,盐 1 克,核桃仁 40 克

🥘 **表面装饰**　糖粉

🗄 **分　　量**　约 20 个

🌡 **烤箱温度**　175℃烤 20 分钟左右

△ **准备工作**

1. 各种材料称量好,分量精准。

2. 低筋面粉过筛备用。

3. 核桃先烤熟并切碎。

4. 在饼干面糊制作好后要将烤箱提前预热。

5. 黄油切小块冷冻 10 分钟。

🥄 做　　法

1. 黄油切成小块冻至稍硬,加入低筋面粉。

黄油冻硬后,再和其他材料混合,就不容易那么快软化了。

2. 再加入烤好并切碎的核桃仁。

3. 用搅拌机把核桃仁搅拌成碎粒。

要用手动搅拌机,如果没有,可以用刮刀切碎切小。

4. 再加入绵白糖和盐。

5. 然后混合均匀,分成小剂子,并用手搓圆。

6. 烤箱 175℃预热,中层,烤 20 分钟左右。烤好后取出放凉,并撒上糖霜即可。

6. 烤好的雪球香脆可口。

 Part 7
嚼劲十足的脆性饼干

这里介绍的几款饼干很脆、很硬，所以很有嚼劲，适合那些喜欢吃有嚼头的饼干的朋友。

 # 果仁糖

　　每年秋天,人们纷纷开始"贴秋膘",当然果仁是不二的选择。我记得我过年的时候,就喜欢花生糖、芝麻糖啊,今天贪心一下,来个大杂烩,把想吃的果仁都放进去。

🥣	**原　料**	南瓜子、黑芝麻、花生、核桃共150克,水30克,油5克,绵白糖100克(这个糖量对我来说太甜了,所以实际操作时我会放得少一点,如果新手操作,建议白糖可以多50克,比较容易成功)
🥟	**分　量**	约10块
🥟	**模　具**	250克小吐司盒

🥄 **做　法**

1. 将所有果仁用烤箱烤熟,或者分别炒熟,如果是烤的话,小的放中间,大的放旁边,先熟的先取出来。

2. 然后将果仁中的花生皮去掉,用擀面棍压成碎粒,这样会有颗粒感。
不要用搅拌机,那样会搅拌得太碎了,影响口感。

3. 准备一个模具。
我用的是250克小吐司盒。

4. 在吐司盒里面抹上油。
这样不易粘。

5. 将糖和水倒入平底锅中,用小火煮。

6. 慢慢会有小泡。

7. 再有大泡。

8. 然后颜色会变白。

9. 慢慢地成砂。

10. 最后变成颗粒。

11. 再接着就会融化成焦糖。

12. 全部化好后关火。
果仁提前放烤箱预热100℃,这样糖浆不容易凝固。
不放烤箱也行,但混合的时候速度要快。

13. 倒入果仁。

14. 混合均匀后倒入模具中,用力压实。

15. 然后倒出来。

16. 切小片食用。

飞雪有话说

1. 混合的时候注意速度要快,如果太慢了,糖会裹不上果仁,容易散。
2. 果仁在混合前最好放烤箱维持温度。

 **核桃脆饼**

　　这款饼干分量超足，每一口咬下去都是满满的核桃。记得放凉后要密封保存，不要受潮。如果真的受潮变软，也不要着急，用烤箱150℃再烤几分钟即可。（烤箱不用提前预热）

原　料 核桃 50 克(尽量选择品质好的核桃,好的核桃决定此款饼干的品质),低筋面粉 150 克,无铝泡打粉 2 克(有铝的泡打粉对身体不好,建议选择无铝泡打粉,烘焙店有售),盐 0.5 克,绵白糖 40 克,水 62 克,黄油 30 克

分　量 约 15 块

烤箱温度 175℃烤 30 分钟左右

准备工作
1. 各种材料称量好,分量精准。
2. 低筋面粉加入无铝泡打粉过筛备用。
3. 在饼干面糊制作好后要将烤箱提前预热。
4. 黄油室温(约 20℃)下软化。
5. 核桃烤熟并切碎备用。

做　法
1. 黄油切块装入容器中,在室温软化。
2. 加入盐、绵白糖。
建议选择绵白糖,较容易溶解。
3. 然后充分搅拌均匀。
此处不需要用打蛋器打发。
4. 低筋面粉加入泡打粉过筛。
过筛是为了让面粉更细腻,避免制作出来的面团有小颗粒。建议烘焙爱好者配备一个面粉筛,直径约 15 厘米的比较好操作。现在有也有一款手握式面粉筛,效果也不错。
5. 然后将过筛好的面粉倒入黄油中。
6. 再加入水。
水选择凉水即可。
7. 倒入核桃,揉成面团。
烤箱提前 150℃预热,放入核桃烤 5 分钟左右

切小粒;面团不用使劲揉,能和成团即可。
8. 放入保鲜袋中,醒 30 分钟。
醒是为了让面团松弛充分吸足水分,使接下来的操作更容易。
9. 烤箱先提前 175℃预热,面团从冰箱取出来擀平。然后再将擀平的面团放入烤盘,推进烤箱中层,烤 20 分钟左右。
根据个人想要的饼干宽度擀制,注意面片厚度要再擀得比实际宽度稍窄一点,因为烤时还会膨胀。图中擀成 1 厘米左右。
10. 取出晾凉后切长条。
如果热的时候直接切,饼干特别容易碎。
11. 然后再放入烤盘中,烤箱 175℃预热,烤 10 分钟左右至硬。
饼干刚才是整体烤,所以内部还没有全硬,切片后再烤一下,才会达到完全松脆状态。

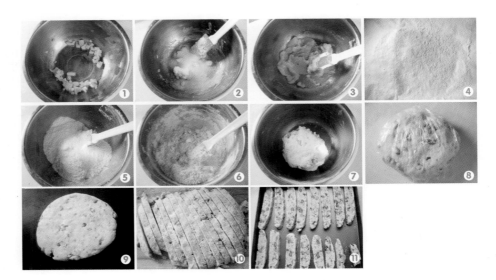

 # 开心果脆饼

天慢慢地变冷起来,各种各样的烘焙小点心也进入人们的眼帘。和我一起用双手来迎接烤箱季吧,只为那些独一无二的小点心。今天这款加了开心果,一口下去,超级满足!

原　　料　鸡蛋液 55 克,开心果 30 克,泡打粉 2 克,低筋面粉 100 克,绵白糖 40 克

分　　量　约 17 块

烤箱温度　185℃烤 25 分钟左右

准备工作
1. 各种材料称量好,分量精准。
2. 低筋面粉加泡打粉过筛备用。
3. 鸡蛋液回温到室温。
4. 在饼干面糊制作好后要将烤箱提前预热。
5. 黄油室温(约 20℃)下软化。

做　　法
1. 鸡蛋液加入绵白糖搅拌。
2. 搅拌好的样子。
3. 泡打粉加低筋面粉过筛。
4. 将步骤 3 的面粉倒入鸡蛋液中。
5. 用刮刀翻拌并加入开心果。
6. 和成面团,装入保鲜膜中,放冰箱冷藏 15 分钟备用。
7. 和好的面团摊平,尽可能薄一些,因为等会儿烤的时候会膨胀。
8. 烤箱 185℃预热烤 20 分钟至变色取出。
9. 切成长条。
10. 放入烤箱继续烤 5 分钟即可。

飞雪有话说

1. 泡打粉和面粉混合过筛,是为了让饼干烤的时候膨胀效果更好。
2. 开心果不用切碎,如果有切碎的也可以。
3. 烤的时候注意观察,上色即可。
4. 烤好的饼干很脆,所以,冷却后放小瓶子中盖好即可,不会变软。

 # 圣诞姜饼

圣诞节是不管大人还是小孩都会期待的日子。对于喜欢烘焙的人来说,在这一天和小朋友们一起做各种小卡通饼干,真是太美好了!

🥣 **姜饼原料** 低筋面粉 200 克,绵白糖 30 克,蜂蜜 30 克,融化的黄油 40 克,水 30 克,肉桂粉 4 克,姜黄粉 1 克,鸡蛋液 25 克

🥣 **蛋白糖霜原料** 蛋白 20 克,糖霜 120 克,醋两滴,各种颜色色素少许,各种颜色卡通糖少许

🫙 **分　量** 约 30 块

🌡️ **烤箱温度** 175℃烤 20 分钟左右

△ **准备工作**

1. 各种材料称量好,分量精准。
2. 低筋面粉加入肉桂粉,姜黄粉过筛备用。
3. 鸡蛋液回温到室温。
4. 在饼干面糊制作好后要将烤箱提前预热。
5. 黄油融化成液体备用。

🥄 **做　法**

1. 水、蜂蜜、绵白糖放入容器中搅拌均匀。
2. 肉桂粉、姜黄粉、低筋面粉混合均匀过筛。
3. 在步骤 1 的混合物中加入步骤 2 的粉类,再加入姜饼原料中的其他材料。
4. 混合成一个面团,加盖放 30 分钟。
5. 将面团用擀面棍擀成 0.4 厘米厚的薄片。静置 30 分钟防止饼干回缩,并用饼干模压出各种形状。擀成薄片的时候为了防粘,可以上面放一块保鲜膜再用擀面棍来擀,便于操作。
6. 压好的饼干放在烤盘上,烤箱 175℃预热,

中层,烤 18～20 分钟。

7. 蛋白和糖霜用电动打蛋器打至要滴不滴的状态,然后倒入两滴白醋。
8. 装饰饼干的时候,准备几个裱花袋。先将蛋白糖霜取一部分放入裱花袋中,然后分别加不同的色素,再把裱花袋剪个小洞。洞小点,不要大。然后开始挤,挤好后再用卡通糖装饰。

注意糖霜不能太稠,如果比图 7 稠,会不容易挤出,即使挤出来也不会平整。也不要比图 7 稀,直接滴滴答答就往下掉的糖霜,挤出来太稀,也不容易凝固。

飞雪有话说

1. 饼皮以刚好能够成团为标准,放置一会儿更容易操作。
2. 要想擀出工整的饼皮,可以找一个保鲜袋,然后用擀面棍在上面擀,非常容易。
3. 糖霜就是将蛋白和糖粉一起倒入容器中搅打形成的。如果发现稀了就加糖粉,如果发现稠了就加白醋。

黑芝麻脆饼

每个人的喜好不同。比如我就喜欢吃酥一些的饼干,入口即化的最好了。我妹妹偏偏喜欢脆脆的、香香的饼干。这个饼干就是她点名要做的哦。

🥣 **原　　料**　芝麻 40 克,鸡蛋 1 个,黄油 10 克,绵白糖 40 克,低筋面粉 30 克

🍮 **分　　量**　15 块左右

🌡 **烤箱温度**　175℃烤 20 分钟左右

⚠ **准备工作**

1. 各种材料称量好,分量精准。
2. 低筋面粉过筛备用。
3. 鸡蛋打成液状,回温到室温。
4. 在饼干面糊制作好后要将烤箱提前预热。
5. 黄油要融化成液体。

🥄 **做　　法**

1. 面粉过筛到容器中。
2. 加入鸡蛋液。
3. 搅拌成糊状并加入绵白糖。
4. 倒入芝麻搅拌好。
   芝麻不用提前烤熟。
5. 倒入融化后放凉的黄油。
6. 搅拌均匀。
7. 烤盘上放油布,摊成一个一个的圆形,入炉烘烤,烤箱 175℃预热,稍上色即可。

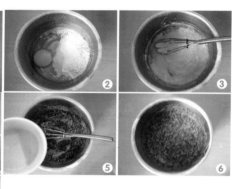

飞雪有话说

1. 这里可以放芝麻,也可以放杏仁。
2. 为了使饼干酥脆,最好等烤箱温度完全冷却后取出。

Part 8

满口留香的咸味饼干

吃多了甜味饼干自然会想换换口味。
本书的最后,为你介绍几款咸味饼干。
牛奶口味、全麦口味、香葱口味,总有一款适合你。

葱香曲奇

曲奇在一般人的印象中,都是甜味的。这款曲奇,不仅有葱花的加入,而且还加了少许盐,有股咸香味。

原　　料　黄油 70 克,牛奶 30 克,低筋面粉 100 克,糖粉 25 克,盐 2 克,葱 5 克

分　　量　约 20 块

烤箱温度　175℃烤 20 分钟左右

准备工作

1. 各种材料称量好,分量精准。
2. 低筋面粉过筛备用。
3. 牛奶回温到室温,葱切成末。
4. 在饼干面糊制作好后要将烤箱提前预热。
5. 黄油室温(约 20℃)下软化。

做　　法

1. 黄油切成小块置室温 20℃下软化。
2. 然后加入糖粉和盐。
3. 用电动打蛋器打发黄油。
4. 再分次加入牛奶,打发。

   每次都打发至牛奶被充分吸收后再加下一次。
5. 打发好的黄油呈羽毛状。
6. 再倒入过筛后的低筋面粉。
7. 加入切成末的葱花。
8. 翻拌均匀。
9. 装入有中号五齿花嘴的裱花袋中。
10. 挤出花形。烤箱 175℃预热,上下火,中层烤约 20 分钟,烤至饼干周围上色即可。

    挤的时候要用些力,一次成形,不要断断续续。
11. 曲奇里面的洞,随个人喜好可大可小。

 # 全麦苏打饼干

加了少许全麦的饼干,吃起来更健康,而且我特地加了植物油,材料都非常易得,也容易操作哦!

原　　料　全麦面粉 100 克,水 40 克,耐高糖酵母 2 克,植物油 20 克,芝麻 4 克,小苏打 0.2 克,绵白糖 10 克,盐 2 克

分　　量　约 20 个

烤箱温度　175℃中层烤 15 分钟

准备工作
1. 各种材料称量好,分量精准。
2. 小苏打、全麦面粉混合过筛备用。
3. 在饼干面糊制作好后要将烤箱提前预热。

做　　法
1. 全麦面粉和小苏打倒入容器中搅拌均匀。
2. 酵母加入水和绵白糖搅拌均匀。
   上面会有气泡,说明酵母比较有活力。
3. 将酵母水倒入全麦面粉中。
4. 再倒入油和其他材料。
5. 翻拌成团。
6. 放入冰箱,盖上保鲜膜,静置 30 分钟。
7. 用擀面棍压平擀长,如果有少许粘,可以用

高筋面粉做手粉。
8. 面片厚度 0.3 厘米。
9. 用滚轮刀拉出花纹。
10. 切成 7 厘米长,3.5 厘米宽的小面片。
11. 在面片上扎眼。
12. 放入烤盘,烤箱 175℃预热,中层,15 分钟左右。

飞雪有话说

1. 苏打饼干里我加了少许糖,如果家里有糖尿病患者,可以不放糖,也一样好吃。
2. 隔水融化黄油的时候,最好用 60℃的热水。
3. 苏打饼干扎些小眼,使饼干在烤的时候不会膨起过高;稍醒一下,有助于提升饼干的口感,同时让小苏打的作用发挥。

 # 土豆脆饼

用土豆做的饼干，营养丰富，如果再加上韩国辣椒粉，滋味更佳。

🥣	**原　　料**	去皮土豆 250 克,椒盐 2 克,韩国辣椒粉 3 克,玉米淀粉 50 克,中筋面粉 20 克,植物油 30 克
🫙	**分　　量**	约 40 块,厚度约 0.3 厘米
🌡️	**烤箱温度**	175℃烤 18～20 分钟

△ **准备工作**

1. 各种材料称量好,分量精准。
2. 低筋面粉加入玉米淀粉过筛备用。
3. 在饼干面糊制作好后要将烤箱提前预热。
4. 土豆要提前做一下处理。

🥄 **做　　法**

1. 准备一个土豆。
2. 将土豆去皮。
3. 切成薄片,放在盘子里。
4. 再将盘子放入蒸笼中,冷水上锅蒸 20 分钟左右。
5. 蒸好的土豆从蒸笼中取出。
6. 用刮板按压切成末。
7. 加入过筛后的中筋面粉和玉米淀粉。
8. 并撒上调味料椒盐。
9. 然后按压成一个面片,再加入原料中的植物油,再按压。
10. 并擀成圆饼形,如果有些粘手,可以撒粉防粘。
11. 尽量擀薄。
12. 用饼干模压成正方形。
13. 排在烤盘上,并扎眼准备烘烤,烤箱 175℃预热,中层约 18 分钟左右即可。
14. 如果是辣味饼干,可以在步骤 9 的面团上撒上少许韩国辣椒粉。
15. 然后擀成薄片。
16. 压出形状,可以借助于刮板的力量将小饼干坯移入烤盘上。
17. 这样做的目的,可以让饼干不会变形。
18. 排入烤盘上。
19. 在饼干上扎眼,烤 18～20 分钟。

香葱苏打饼干

带有葱香味的饼干,一般会惹人喜爱。每口下去都会有葱的香味在里面哦。

原　　料　牛奶 85 克,葱 10 克,低筋面粉 100 克,植物油 20 克,盐 2 克,酵母 1.5 克,小苏打 0.5 克

分　　量　约 55 块

烤箱温度　175℃中层烤 15 分钟左右

准备工作

1. 各种材料称量好,分量精准。
2. 低筋面粉和小苏打过筛备用。
3. 牛奶回温到室温。
4. 在饼干面糊制作好后要将烤箱提前预热。
5. 葱清洗后切成葱末。

做　　法

1. 牛奶加入酵母。
2. 搅拌均匀。
3. 再倒入盐、植物油,搅拌均匀。
4. 最后倒入切好的葱末。
5. 倒入过筛后的低筋面粉和小苏打粉。
6. 混合成团。

如果想更酥更脆,可以在混合成团后再加入步骤 3 中的植物油,再揉成团。

7. 擀成 0.3 厘米左右的薄片。
8. 用饼干模压出形状。
9. 放入烤盘中。
10. 并用叉子扎上小眼,烤箱 175℃预热,中层,烤 15 分钟左右即可。

烤时饼干会有少许膨胀哦。

牛奶苏打饼干

这是一款加了小苏打粉的饼干,不是很甜,而且会很耐嚼,很容易保存,加上特别的造型,很讨人喜欢吧。

原　　料　牛奶 55 克,植物油 15 克,低筋面粉 150 克,糖粉 30 克,小苏打粉 1.5 克,盐 1 克

分　　量　约 36 块

烤箱温度　175℃烤 20 分钟左右

准备工作

1. 各种材料称量好,分量精准。
2. 低筋面粉和小苏打粉过筛备用。
3. 牛奶回温到室温。
4. 在饼干面糊制作好后要将烤箱提前预热。

做　　法

1. 牛奶倒入容器中。
2. 低筋面粉加入小苏打粉过筛,再把糖粉、盐也倒入容器。
3. 稍混合后加入植物油,翻拌均匀。
4. 擀成长方形面片,醒 5～10 分钟,再压出形状,排入烤盘,放预热 175℃的烤箱中层烤 20 分钟左右。

飞雪有话说

1. 面片一定要醒,不然烤时膨胀就没有花纹了。
2. 要想有脆的效果,可以再多倒一点植物油,会更酥脆。

图书在版编目(CIP)数据

飞雪无霜·手工饼干 72 变 / 飞雪无霜著. —杭州：
浙江科学技术出版社，2014.3
ISBN 978-7-5341-5930-5

Ⅰ. ①飞… Ⅱ. ①飞… Ⅲ. ①饼干—制作
Ⅳ. ①TS213.2

中国版本图书馆 CIP 数据核字（2014）第 017065 号

书　　名	飞雪无霜·手工饼干 **72** 变	
著　　者	飞雪无霜	

出版发行　**浙江科学技术出版社**
　　　　　杭州市体育场路 347 号　邮政编码：310006
　　　　　联系电话：0571-85058048
　　　　　浙江出版联合集团网址：http://www.zjcb.com
图文制作　杭州兴邦电子印务有限公司
印　　刷　杭州丰源印刷有限公司
经　　销　全国各地新华书店

开　　本	787×1092　1/16		印　张	11.5
字　　数	220 000			
版　　次	2014 年 3 月第 1 版	2014 年 3 月第 1 次印刷		
书　　号	ISBN 978-7-5341-5930-5		定　价	42.00 元

责任编辑　王巧玲　梁　峥　　　　　**责任美编**　金　晖
责任校对　刘　丹　　　　　　　　　**责任印务**　徐忠雷
特约编辑　高　婷